ENSINO FUNDAMENTAL

Cadernos do Mathema

Jogos de matemática

de 1º a 5º ano

AUTORAS

Kátia Cristina Stocco Smole
Coordenadora do Grupo Mathema de formação e pesquisa
Mestre em Educação, área de Ciências e Matemática, pela FEUSP
Doutora em Educação, área de Ciências e Matemática, pela FEUSP

Maria Ignez de Souza Vieira Diniz
Coordenadora do Grupo Mathema de formação e pesquisa
Profa. Dra. do Instituto de Matemática e Estatística da USP

Patrícia Terezinha Cândido
Pesquisadora do Grupo Mathema de formação e pesquisa
Bacharel e licenciada em Matemática pela PUCSP

S666j Smole, Kátia Stocco
Jogos de matemática de 1º a 5º ano / Kátia Stocco Smole, Maria Ignez Diniz, Patrícia Cândido. – Porto Alegre : Artmed, 2007.
152 p. : il. ; 23 cm. – (Série Cadernos do Mathema – Ensino Fundamental)

ISBN 978-85-363-0703-9

1. Matemática – Jogos. I. Diniz, Maria Ignez. II. Cândido, Patrícia. III. Título.

CDU 51-8

Catalogação na publicação: Júlia Angst Coelho – CRB 10/1712

ENSINO FUNDAMENTAL

Cadernos do Mathema

Jogos de matemática

de 1º a 5º ano

Kátia Stocco Smole
Maria Ignez Diniz
Patrícia Cândido

Reimpressão 2009

artmed®

2007

Capa:
Tatiana Sperhacke

Preparação do original
Elisângela Rosa dos Santos

Supervisão editorial
Mônica Ballejo Canto

Projeto gráfico
Editoração eletrônica
artmed®
EDITOGRÁFICA

Av. Jerônimo de Ornelas, 670 - Santana
90040-340 Porto Alegre RS
Fone (51) 3027-7000 Fax (51) 3027-7070

SÃO PAULO
Av. Angélica, 1091 - Higienópolis
01227-100 São Paulo SP
Fone (11) 3665-1100 Fax (11) 3667-1333

SAC 0800 703-3444

IMPRESSO NO BRASIL
PRINTED IN BRAZIL

Apresentação Cadernos do Mathema – Ensino Fundamental

Uma das características do trabalho da equipe do Mathema é que nossas ações desenvolvem-se em boa parte nas escolas, junto a alunos e professores. Por isso, ao longo da nossa atuação com formação continuada de professores, e devido aos estudos e pesquisas que essa atuação gerou, foram muitas as perguntas que tivemos de investigar e diversos os recursos que estudamos como modo de desenvolver um melhor processo de ensino e aprendizagem da matemática escolar.

A série Cadernos do Mathema – Ensino Fundamental é fruto desse processo. A ideia central dos cadernos que ora apresentamos é trazer, de forma organizada, algumas das muitas ideias e estudos que fizemos seja sobre recursos como jogos e calculadoras, seja sobre temas que fazem parte do currículo de matemática no ensino fundamental, como as operações, as frações, a geometria e as medidas.

Os temas escolhidos para os cadernos são variados, abordados de maneira independente uns dos outros e guardam entre si apenas a relação de dois pressupostos básicos de nosso trabalho, quais sejam a perspectiva metodológica da resolução de problemas e a preocupação de fazer uso de processos de comunicação nas aulas de matemática, de forma a desenvolver a leitura e a escrita em matemática como habilidades indispensáveis no ensino e na aprendizagem dessa disciplina.

Cada caderno apresenta uma breve introdução que situa o tema sob nosso ponto de vista, seguida de sugestões de atividade. Cada uma dessas propostas traz a série mais indicada para ser desenvolvida, os objetivos da proposta, os materiais e recursos necessários para que ela se desenvolva e sugestões para sua exploração em sala de aula.

Certas atividades aparecem como uma sequência, mas a maioria delas pode ser desenvolvida de modo independente e no momento em que você, professor, julgar mais adequado em relação ao seu planejamento.

Com essa nova série de publicações, desejamos partilhar mais algumas das reflexões que temos feito e colocar à sua disposição recursos para ajudá-lo a tornar sua aula ainda mais diversificada com situações que desafiem e envolvam seus alunos na aprendizagem significativa da matemática.

Agradecemos a colaboração dos professores e professoras das seguintes escolas: Colégio Nossa Senhora Aparecida, Colégio Marista Nossa Senhora da Glória, Colégio Arquidiocesano, EMEF Dr. João Pedro de Carvalho Neto, Fundação Visconde de Porto Seguro em São Paulo; Liceu Salesiano Nossa Senhora Auxiliadora em Campinas; Colégio Marista de Brasília, Escola Ecológica Marcelino Champagnat em Curitiba e Colégio Marista Francisco Rivat em Samambaia, DF.

Queremos também fazer um agradecimento especial para Mirela Mendes Landulfo, que com sua vivacidade e seriedade leu esse caderno, contribuiu com os estudos junto a seus alunos e incentivou sua finalização também.

Kátia Stocco Smole
Maria Ignez Diniz
Coordenadoras do Mathema

Sumário

Apresentação deste Caderno

Não é de hoje que sabemos que os jogos encantam crianças e adultos, assim como é conhecida a sua importância para o desenvolvimento social e intelectual da criança. Ainda assim, não é incomum que aos professores surjam dúvidas sobre quais jogos usar, como selecionar um jogo para seus alunos, de que forma explorar um jogo em sala, entre tantas outras.

Neste caderno, abordamos o uso de jogos nas aulas de matemática, mais especificamente nas aulas de 1º a 5º ano do ensino fundamental, e pretendemos discutir algumas das questões sobre seu uso. O caderno apresenta jogos com finalidades variadas, de tipos diversos, acompanhados de problematizações, atividades, observações, registros e orientações sobre sua utilização em sala de aula. A coletânea aqui apresentada é fruto da experiência da equipe do Mathema e de muitos dos educadores que conosco trabalham, estudam e acreditam no quanto é possível aprender matemática jogando em grupo.

Nosso objetivo ao elaborar este caderno de jogos foi o de ajudar você, professor, a desenvolver um trabalho com jogos, apresentando o valor educacional dos mesmos, analisados sob a ótica da perspectiva metodológica da resolução de problemas. Como estratégia de trabalho, escolhemos os jogos em grupo de acordo com os conteúdos e as habilidades neles envolvidos, contemplado as diferentes séries. Propusemos jogos com uso de tabuleiros, cartas, dados, jogos comerciais, entre outros.

Esperamos que este trabalho incentive você a explorar os jogos em sua sala de aula, percebendo neles mais um material para reflexão e organização da aprendizagem dos alunos, sabendo selecionar, explorar, modificar e até mesmo criar novos jogos.

Patrícia Cândido
Kátia Stocco Smolle
Maria Ignez Diniz

1 Os Jogos nas Aulas de Matemática

A utilização de jogos na escola não é algo novo, assim como é bastante conhecido o seu potencial para o ensino e a aprendizagem em muitas áreas do conhecimento.

Em se tratando de aulas de matemática, o uso de jogos implica uma mudança significativa nos processos de ensino e aprendizagem, que permite alterar o modelo tradicional de ensino, o qual muitas vezes tem no livro e em exercícios padronizados seu principal recurso didático. O trabalho com jogos nas aulas de matemática, quando bem planejado e orientado, auxilia o desenvolvimento de habilidades como observação, análise, levantamento de hipóteses, busca de suposições, reflexão, tomada de decisão, argumentação e organização, que estão estreitamente relacionadas ao chamado *raciocínio lógico*.

As habilidades desenvolvem-se porque, ao jogar, os alunos têm a oportunidade de resolver problemas, investigar e descobrir a melhor jogada; refletir e analisar as regras, estabelecendo relações entre os elementos do jogo e os conceitos matemáticos. Podemos dizer que o jogo possibilita uma situação de prazer e aprendizagem significativa nas aulas de matemática.

Além disso, o trabalho com jogos é um dos recursos que favorece o desenvolvimento da linguagem, diferentes processos de raciocínio e de interação entre os alunos, uma vez que durante um jogo cada jogador tem a possibilidade de acompanhar o trabalho de todos os outros, defender pontos de vista e aprender a ser crítico e confiante em si mesmo. Contudo, há outros aspectos sobre os quais julgamos importante refletir ao propor os jogos de forma constante nas aulas de matemática e que destacamos a seguir.

O JOGO ENTRE O LÚDICO E O EDUCATIVO

O jogo na escola foi muitas vezes negligenciado por ser visto como uma atividade de descanso ou apenas como um passatempo. Embora esse aspecto possa ter lugar em algum momento, não é essa a ideia de ludicidade sobre a qual organizamos nossa proposta, porque esse viés tira a possibilidade de um trabalho rico, que estimula as aprendizagens e o desenvolvimento de habilidades matemáticas por parte dos alunos. Quando propomos jogos nas aulas de matemática, não podemos deixar de compreender o sentido da dimensão lúdica que eles têm em nossa proposta.

Todo jogo por natureza desafia, encanta, traz movimento, barulho e uma certa alegria para o espaço no qual normalmente entram apenas o livro, o caderno e o lápis. Essa dimensão não pode ser perdida apenas porque os jogos envolvem conceitos de matemática. Ao contrário, ela é determinante para que os alunos sintam-se chamados a participar das atividades com interesse.

Por sua dimensão lúdica, o jogar pode ser visto como uma das bases sobre a qual se desenvolve o espírito construtivo, a imaginação, a capacidade de sistematizar e abstrair e a capacidade de interagir socialmente. Entendemos que a dimensão lúdica envolve desafio, surpresa, possibilidade de fazer de novo, de querer superar os obstáculos iniciais e o incômodo por não controlar todos os resultados. Esse aspecto lúdico faz do jogo um contexto natural para o surgimento de situações-problema cuja superação exige do jogador alguma aprendizagem e um certo esforço na busca por sua solução.

Hoje já sabemos que, associada à dimensão lúdica, está a dimensão educativa do jogo. Uma das interfaces mais promissoras dessa associação diz respeito à consideração dos erros. O jogo reduz a consequência dos erros e dos fracassos do jogador, permitindo que ele desenvolva iniciativa, autoconfiança e autonomia. No fundo, o jogo é uma atividade séria que não tem consequências frustrantes para quem joga, no sentido de ver o erro como algo definitivo ou insuperável.

No jogo, os erros são revistos de forma natural na ação das jogadas, sem deixar marcas negativas, mas propiciando novas tentativas, estimulando previsões e checagem. O planejamento de melhores jogadas e a utilização de conhecimentos adquiridos anteriormente propiciam a aquisição de novas ideias e novos conhecimentos.

Por permitir ao jogador controlar e corrigir seus erros, seus avanços, assim como rever suas respostas, o jogo possibilita a ele descobrir onde falhou ou teve sucesso e por que isso ocorreu. Essa consciência permite compreender o próprio processo de aprendizagem e desenvolver a autonomia para continuar aprendendo.

O jogo e sua função de socialização

Um dos pressupostos do trabalho que desenvolvemos é a interação entre os alunos. Acreditamos que, na discussão com seus pares, o aluno pode desenvolver seu potencial de participação, cooperação, respeito mútuo e crítica. Como sabemos, no desenvolvimento do aluno, as ideias dos outros são importantes porque promovem situações que o levam a pensar criticamente sobre as próprias ideias em relação às dos outros.

É por meio da troca de pontos de vista com outras pessoas que a criança progressivamente descentra-se, isto é, ela passa a pensar por uma outra perspectiva e, gradualmente, a coordenar seu próprio modo de ver com outras opiniões. Isso não vale apenas na infância, mas em qualquer fase da vida.

Podemos mesmo afirmar que, sem a interação social, a lógica de uma pessoa não se desenvolveria plenamente, porque é nas situações interpessoais que ela se sente obrigada a ser coerente. Sozinha poderá dizer e fazer o que quiser pelo prazer e pela contingência do momento; porém em grupo, diante de outras pessoas, sentirá a necessidade de pensar naquilo que dirá, que fará, para que possa ser compreendida.

Em situação de cooperação – aqui entendida como cooperar, operar junto, negociar para chegar a algum acordo que pareça adequado a todos os envolvidos –, a obrigação é considerar todos os pontos de vista, ser coerente, racional, justificar as próprias conclusões e ouvir o outro. É nesse processo que se dá a negociação de significados e que se estabelece a possibilidade de novas aprendizagens.

Com relação ao trabalho com a matemática, temos defendido a ideia de que há um ambiente a ser criado na sala de aula que se caracterize pela proposição, pela investigação e pela exploração de diferentes situações-problema por parte dos alunos. Também temos afirmado que a interação entre os alunos, a socialização de procedimentos encontrados para solucionar uma questão e a troca de informações são elementos indispensáveis em uma proposta que visa a uma melhor aprendizagem da matemática. Em nossa opinião, o jogo é uma das formas mais adequadas para que a socialização ocorra e permita aprendizagens.

O SENTIDO DA PALAVRA JOGO NESTE CADERNO

Jogos de faz de conta, jogos individuais, brincadeiras... São tantos e tão variados os sentidos que a palavra jogo assume na escola que caracterizar o que é jogo não é tarefa fácil. Por isso, ao longo de todo o nosso trabalho, estudando e refletindo a respeito daqueles significados que atendiam às necessidades de aprendizagem pelo jogo em aulas de matemática, escolhemos dois referenciais básicos, quais sejam Kamii (1991) e Krulik (1993). Desses dois autores, depreendemos que:

- o jogo deve ser para dois ou mais jogadores, sendo, portanto, uma atividade que os alunos realizam juntos;
- o jogo deverá ter um objetivo a ser alcançado pelos participantes, ou seja, ao final, haverá um vencedor;
- o jogo deverá permitir que os alunos assumam papéis interdependentes, opostos e cooperativos, isto é, os jogadores devem perceber a importância de cada um na realização dos objetivos do jogo, na execução das jogadas, e observar que um jogo não se realiza a menos que cada jogador concorde com as regras estabelecidas e coopere, seguindo-as e aceitando suas consequências;

- o jogo precisa ter regras preestabelecidas que não podem ser modificadas no decorrer de uma jogada, isto é, cada jogador deve perceber que as regras são um contrato aceito pelo grupo e que sua violação representa uma falta; havendo o desejo de fazer alterações, isso deve ser discutido com todo o grupo e, no caso de concordância geral, podem ser impostas ao jogo daí por diante;
- no jogo, deve haver a possibilidade de usar estratégias, estabelecer planos, executar jogadas e avaliar a eficácia desses elementos nos resultados obtidos, isto é, o jogo não deve ser mecânico e desprovido de significado para os jogadores.

Esse encaminhamento a respeito do que consideramos que seja um jogo apresenta outros desdobramentos, entre eles o de que os jogos devem trazer situações interessantes e desafiadoras, permitindo que os jogadores se autoavaliem e participem ativamente do jogo o tempo todo, percebendo os efeitos de suas decisões, dos riscos que podem correr ao optar por um caminho ou por outro, analisando suas jogadas e as de seus oponentes.

No jogo, as regras são parâmetros de decisão, uma vez que, ao iniciar uma partida, ao aceitar jogar, cada um dos jogadores concorda com as regras que passam a valer para todos, como um acordo, um propósito que é de responsabilidade de todos. Assim, ainda que haja um vencedor e que a situação de jogo envolva competição, suas características estimulam simultaneamente o desenvolvimento da cooperação e do respeito entre os jogadores, porque não há sentido em ganhar a qualquer preço. Em caso de conflitos, as regras exigem que os jogadores cooperem para chegar a algum acordo e resolver seus conflitos.

Entre os jogos que apresentam as características aqui mencionadas, optamos por trabalhar com jogos de tabuleiro, jogos de carta e jogos comerciais.[1]

O JOGO E A RESOLUÇÃO DE PROBLEMAS

Nossa proposta de utilização de jogos está baseada em uma perspectiva de resolução de problemas, o que, em nossa concepção, permite uma forma de organizar o ensino envolvendo mais que aspectos puramente metodológicos, pois inclui toda uma postura frente ao que é ensinar e, consequentemente, ao que significa aprender. Daí a escolha do termo, cujo significado corresponde a ampliar a conceituação de resolução de problemas como simples metodologia ou conjunto de orientações didáticas.

A perspectiva metodológica da resolução de problemas baseia-se na proposição e no enfrentamento do que chamaremos de situação-problema. Em outras palavras, ampliando o conceito de problema, devemos considerar que nossa perspectiva trata de situações que não possuem solução evidente e que exigem que o resolvedor combine seus conhecimentos e decida-se pela maneira de usá-los em busca da solução. A primeira característica dessa perspectiva metodológica é considerar como problema toda situação que permita alguma problematização.

A segunda característica pressupõe que enfrentar e resolver uma situação-problema não significa apenas compreender o que é exigido, a aplicação de técnicas ou fórmulas adequadas e a obtenção da resposta correta, mas, além disso, adotar uma atitude de *investigação* em relação àquilo que está em aberto, ao que foi proposto como obstáculo a ser enfrentado e até à própria resposta encontrada.

A terceira característica implica que a resposta correta é tão importante quanto a ênfase a ser dada ao processo de resolução, permitindo o aparecimento de diferentes soluções, comparando-as entre si e pedindo que os resolvedores digam o que pensam sobre ela, expressem suas hipóteses e verbalizem como chegaram à solução.

A perspectiva metodológica da resolução de problemas caracteriza-se ainda por uma postura de inconformismo frente aos obstáculos e ao que foi estabelecido por outros, sendo um exercício contínuo de desenvolvimento do senso crítico e da criatividade, características primordiais daqueles que fazem ciência e estabelecem objetivos do ensino de matemática.

Como podemos perceber, nessa perspectiva, a essência está em saber problematizar e não faz sentido formular perguntas em situações que não possuam clareza de objetivos a serem alcançados, simplesmente porque não se saberia o que perguntar. Assim como questionar por questionar não nos parece ter sentido algum.

A problematização inclui o que é chamado de processo metacognitivo, isto é, quando se pensa sobre o que se pensou ou se fez. Esse voltar exige uma forma mais elaborada de raciocínio, esclarece dúvidas que ficaram, aprofunda a reflexão feita e está ligado à ideia de que a aprendizagem depende da possibilidade de se estabelecer o maior número possível de relações entre o que se sabe e o que se está aprendendo.

Assim, as problematizações devem ter como objetivo alcançar algum conteúdo e um conteúdo deve ser aprendido, porque contém em si questões que merecem ser respondidas. No entanto, é preciso esclarecer que nossa compreensão do termo conteúdo inclui, além dos conceitos e fatos específicos, as habilidades necessárias para garantir a formação do indivíduo independente, confiante em seu saber, capaz de entender e usar os procedimentos ou as regras características de cada área do conhecimento. Além disso, subjacentes à ideia de conteúdos estão as atitudes que permitem a aprendizagem e que formam o indivíduo por inteiro.

Portanto, nessa perspectiva, atitudes naturais do aluno que não encontram espaço no modelo tradicional de ensino da matemática, como é o caso da curiosidade e da confiança em suas próprias ideias, passam a ser valorizadas esse processo investigativo.

Para viabilizar o trabalho com situações-problema, é preciso ampliar as estratégias e os materiais de ensino e diversificar as formas e organizações didáticas para que, junto com os alunos, seja possível criar um ambiente de produção ou de reprodução do saber e, nesse sentido, acreditamos que os jogos atendem a essas necessidades.

FORMAS DE PROPOR E EXPLORAR OS JOGOS NAS AULAS DE MATEMÁTICA

Como dissemos anteriormente, para que os alunos possam aprender e desenvolver-se enquanto jogam, é preciso que em sala de aula o jogo tenha tanto a dimensão lúdica quanto a educativa. Em nosso trabalho, temos defendido que essas duas dimensões aparecem se houver alguns cuidados ao planejar o uso desse recurso nas aulas.

Em primeiro lugar, é preciso lembrar que um jogador não aprende e pensa sobre o jogo quando joga uma única vez. Dessa forma, ao escolher um jogo para usar com seus alunos, você precisa considerar que, na primeira vez em que joga, o aluno às vezes mal compreende as regras. Por isso, se para além das regras desejamos que haja aprendizagem por meio do jogo, é necessário que ele seja realizado mais de uma vez.

Além disso, não é qualquer jogo que serve para a sua turma de alunos. Pensando na melhor maneira de ajudar você a utilizar os jogos que propusemos neste caderno, apresentamos a seguir alguns cuidados a serem tomados nesse sentido.

A escolha do jogo

Um jogo pode ser escolhido porque permitirá que seus alunos comecem a pensar sobre um novo assunto, ou para que eles tenham um tempo maior para desenvolver a compreensão sobre um determinado conceito, para que desenvolvam estratégias de resolução de problemas ou para que conquistem determinadas habilidades que naquele momento você vê como importantes para o processo de ensino e aprendizagem. Uma vez escolhido o jogo em função de um desses critérios, seu início não deve ser imediato: é importante que você tenha clareza se fez uma boa opção. Por isso, antes de levar o jogo aos alunos, é necessário que você o conheça jogando.

Leia as regras e simule jogadas verificando se o mesmo apresenta situações desafiadoras a seus alunos, se envolve conceitos adequados àquilo que você deseja que aprendam, levando ao desenvolvimento do raciocínio e da cooperação entre os alunos. Muitas vezes, um jogo pode ser fascinante, mas para a sua realidade pode tornar-se muito fácil, não apresentando desafios que façam os alunos aprender.

Sugerimos que, em um primeiro momento, você faça uma triagem mais simples, descartando aqueles jogos que por si mesmos não têm um conteúdo significativo e desencadeador de processos de pensamento para seus alunos. Em uma segunda etapa, com relação a jogos que de modo geral são desafiadores, será preciso apresentá-los aos alunos e observar a relação da classe com o jogo para avaliar se realmente é adequado ou não para eles. Algumas vezes, um jogo pode revelar-se muito difícil, outras vezes muito fácil e até mesmo não envolver o grupo. Não é por ser jogo que necessariamente todos gostarão. Em todos esses casos, temos de rever a proposta.

Se o jogo é muito simples, não possibilita obstáculos a enfrentar e nenhum problema a resolver, descaracterizando, portanto, a necessidade de buscar alternativas, de pensar mais profundamente, fato que marca a perspectiva metodológica que embasa essa proposta. Se é muito difícil, os alunos desistirão dele por não ver saída nas situações que apresenta. Uma proposta precisa despertar a necessidade de saber mais, o desejo de querer fazer mais, de arriscar-se, mas precisa minimamente ser possível.

Tendo mais clareza sobre esses aspectos, ainda é preciso planejar alguns outros detalhes do trabalho.

PLANEJANDO O TRABALHO COM OS JOGOS

Trabalhar com jogos envolve o planejamento de uma sequência didática. Exige uma série de intervenções do professor para que, mais que jogar, mais que brincar, haja aprendizagem. Há que se pensar como e quando o jogo será proposto e quais possíveis explorações ele permitirá para que os alunos aprendam. Comecemos pelas formas de apresentação ao grupo.

Apresentando um jogo aos alunos

Costumamos dizer que pensar como levar um jogo aos alunos implica pensarmos sobre como os jogos são aprendidos por eles fora da escola. Aprende-se um jogo com os amigos, aprende-se um jogo lendo suas regras na embalagem, na internet, fazendo experimentações, tentativas. Se o jogo desafia, aparece a necessidade de continuar jogando, de repetir algumas vezes. É o interesse que suscita a necessidade de aprender, a vontade de jogar e o desafio de vencer um obstáculo apresentado. Esses aspectos guiam nossas opções de apresentar um jogo à turma.

Aprender com alguém

Esse alguém pode ser você, que apresenta o jogo aos aluno. Nesse caso, você pode organizar a classe em uma roda e jogar com alguns ou contra a própria classe. Pode também apresentar o jogo usando um meio visual – *datashow*, retroprojetor, cartaz, etc. – e simular uma jogada com os alunos. No caso de um jogo de tabuleiro, por exemplo, uma cópia do tabuleiro é apresentada ao grupo que joga junto conforme as regras são apresentadas. Após essa apresentação, cada grupo começa a jogar, e você fica à disposição para acompanhar a classe em suas dúvidas. Se os alunos forem leitores, podem ter uma cópia das regras e tirar as dúvidas lendo e discutindo o que diz o texto.

Existe a possibilidade de aprender com os colegas de classe. Nessa opção, você escolhe alguns alunos da turma para os quais ensinará o jogo primeiro. Quando levar o jogo à classe, esses alunos serão espalhados em diferentes grupos e se responsabilizarão por ensinar aos demais como se joga.

Aprender lendo as regras

Esta é uma opção quando os alunos são leitores fluentes. Nesse caso, você prepara uma cópia das regras para cada aluno e, quando os grupos forem formados, eles devem ler e discutir fazendo suas jogadas, analisando as regras, decidindo como resolver as dúvidas. Você será chamado apenas quando a discussão no grupo não surtir efeito para resolver as dúvidas.

Em uma etapa intermediária, especialmente com alunos que ainda não estão familiarizados com a ação de ler para aprender em matemática, essa leitura pode ser coletiva, a partir de uma exposição das regras por um meio audiovisual. Nesse caso, uma regra é lida e discutida coletivamente e depois uma jogada é feita, prosseguindo-se assim até que todos tenham entendido como jogar.

Uma outra opção é deixar o jogo durante um tempo à disposição dos alunos para que eles o estudem. Isso pode ser feito disponibilizando os jogos em um espaço da sala ao qual os alunos possam dirigir-se quando fizerem atividades de livre escolha – às vezes chamadas de cantinhos – ou fazendo o jogo circular pelos alunos para que em casa tenham tempo de se dedicar a entender as regras. Depois, ele entra em sala para ser explorado de forma mais intensa e coletiva.

Embora caiba a você decidir a melhor maneira de apresentar o jogo aos alunos, encontrar outras maneiras diferentes dessas que estamos sugerindo, ou mesmo discutir com eles sobre como gostariam de aprender um novo jogo, é interessante que não seja utilizada sempre a mesma estratégia para todos os jogos. Cada meio de propor o jogo ao grupo traz aprendizagens diferentes, exige envolvimentos diversos, e isso já pode ser a primeira situação-problema a ser enfrentada por eles.

Organizando a classe para jogar

Pela opção que fizemos quando escolhemos algumas características que definem jogo em nossa proposta, as sugestões que apresentamos são sempre para dois ou mais jogadores, mas nunca um grupo grande, variando, assim, de dois a quatro jogadores por jogo. A organização dos grupos pode ser desde uma livre escolha dos alunos que se organizam para jogar com quem desejarem até uma decisão sua em função das necessidades que perceber para seu grupo. Porém, é preciso planejar e ter critérios.

Você pode organizar os grupos de modo que alunos com mais facilidade em jogar fiquem junto com outros que precisem de ajuda para avançar. Pode também formar grupos de alunos com semelhante compreensão do jogo ou da matemática nele envolvida, deixando que alguns grupos joguem sozinhos, enquanto você acompanha aqueles que precisam de uma maior intervenção.

Outra opção é deixar que no início os grupos sejam formados livremente e, depois de suas observações e da conversa com eles sobre o jogo, sejam reorganizados em função das necessidades surgidas. Um exemplo de intervenção em uma situação desse tipo é o caso de haver uma dupla ou um grupo de alunos em que um mesmo jogador sempre vença e outro sempre perca. Você pode reorganizar os grupos de forma a propiciar outras possibilidades de resultados para que não haja prepotência por parte de uns e sentimento de fracasso por parte de outros.

Quando os grupos são formados, é possível ainda discutir com eles sobre organização, barulho exagerado e como serão os registros e as explorações a partir do jogo. No entanto, em se tratando de barulho, devemos lembrar que ele é inerente ao ato de jogar. A diferença é que, no caso do jogo, a conversa será em torno das jogadas, da vibração por uma boa decisão ou mesmo pela vitória e sobre o conhecimento que se desenvolve enquanto eles jogam. Costumamos dizer duas coisas sobre isso: a primeira é que esse é um barulho produtivo, uma vez que favorece as aprendizagens esperadas e a maior interação entre eles. A segunda é que jogar sem barulho é impossível, pois um jogo silencioso perderia o brilho da intensidade e do envolvimento dos jogadores. Portanto, o melhor é conviver com esse fato, parando para discutir apenas quando houver alguma possibilidade de tumulto, mas nem nesse caso deve haver alarde. De modo geral, nossa experiência mostra que uma conversa e algumas combinações são suficientes e fazem da aula um bom desafio para todos.

O tempo de jogar

Após planejar a apresentação do jogo aos alunos, um outro aspecto importante é pensar no tempo de jogo, o que envolve diversas variáveis, entre as quais destacamos tempo de aprendizagem e tempo de aula.

Tempo de aprendizagem

Ainda que o jogo seja envolvente, que os jogadores encantem-se por ele, e principalmente por isso, não é na primeira vez que jogam que ele será compreendido. Uma proposta desafiante cria no próprio jogador o desejo de repetição, de fazer de novo. Usando esse princípio natural para quem joga, temos recomendado que nas aulas de matemática um jogo nunca seja planejado para apenas uma aula. O tempo de aprender exige que haja repetições, reflexões, discussões, aprofundamentos e mesmo registros.

Tempo de aula

Esse ponto é relevante em nossa proposta, porque costumamos propor que, ao selecionarmos um jogo em um determinado momento das aulas de matemática, ele seja jogado várias vezes de um modo geral em uma aula por semana, durante quatro a cinco semanas, permitindo ao aluno, enquanto joga, apropriar-se de estratégias, compreender regras, aprimorar raciocínios e linguagem. Chegamos a essa frequência observando e investigando o uso de jogos diretamente junto aos alunos, nas escolas que tivemos oportunidade de acompanhar.

Nossos estudos permitiram observar que, se fizerem o mesmo jogo todos os dias, os alunos perdem logo o interesse por ele e os professores têm a impressão de que pararam suas aulas para fazer jogos. Depois observamos que, a não ser jogos de grande complexidade, como é o caso do xadrez, por exemplo, com quatro a cinco jogadas pensadas, planejadas, discutidas e problematizadas, os alunos passam a desejar mais do que o próprio jogo. É comum começarem a discutir mudanças nas regras, novas formas de jogar, e essa pode ser a proposta na sequência seguinte. O jogo já não é mais o foco. Passa-se ou à sua modificação ou a um outro jogo. Caso haja alunos que queiram continuar jogando, ou mesmo que precisem disso, é possível criar situações de deixar o jogo à disposição para atender a essas necessidades.

Ainda em relação ao tempo de aula, é interessante que se pense na realidade das escolas que de modo geral possuem aulas curtas, com duração de 50 minutos ou menos, mesmo de 1º a 5º ano. Nesse caso, é importante planejar o jogo para aulas duplas, se for possível, ou decidir com os alunos o que fazer quando o tempo da aula acabar, mas o jogo não. Pode-se criar alguma forma de registro do jogo no momento em que se parou e começar a partir daí na próxima vez, ou decidir quem venceu naquele momento e reiniciar o jogo na próxima vez.

Todos esses cuidados são essenciais para que o tempo de aprendizagem não seja ignorado, nem subestimado. Aprender e ensinar devem caminhar juntos – diríamos mesmo que, nessa proposta, o tempo de aprender determina o compasso do tempo de ensinar.

Um jogo e sua exploração

Devido a todos os cuidados que o planejamento do uso do jogo envolve, não poderíamos deixar de falar sobre sua exploração na perspectiva metodológica da resolução de problemas.

Ao jogar, o aluno constrói muitas relações, cria jogadas, analisa possibilidades. Algumas vezes, tem consciência disso, outras nem tanto. Pode acontecer de um jogador não passar para uma nova fase de reflexão por não ter percebido determinadas nuanças de uma regra, ou mesmo por não ter clareza de todas as regras ainda. Finalmente, é preciso que quem acompanha os jogadores tenha uma avaliação pessoal desses progressos, dos possíveis impasses nos quais eles se encontram.

Pensando nesses e em outros casos é que propomos algumas possíveis ações didáticas às quais denominamos genericamente de *exploração de jogos* e que descreveremos a seguir.

Conversando sobre o jogo

Nossa sugestão é que você planeje momentos variados para que os alunos possam discutir coletivamente o jogo. Assim, eles levantam as dificuldades encontradas, as descobertas feitas, os problemas observados para realizar as jogadas, entre muitas outras possibilidades.

É o momento de ouvir e fazer sugestões, de dar dicas, de analisar posturas como a tentativa de burlar uma regra, ou de modificá-la durante a partida, e decidir o que fazer para superar as possíveis divergências. A você cabe observar e anotar os problemas, as soluções e as dúvidas. Este é um rico momento de avaliação, que permitirá tomar decisões posteriores, retomar explicações sobre o jogo, analisar a formação dos grupos que estão jogando, intervir se for preciso, verificar se o jogo revelou alguma necessidade à parte que merece uma retomada.

Produzindo um registro a partir do jogo

Após jogarem, os alunos podem ser convidados a escrever ou desenhar sobre o jogo, manifestando suas aprendizagens, suas dúvidas, suas opiniões e suas impressões sobre a ação vivenciada.

Temos observado que os registros sobre matemática ajudam a aprendizagem dos alunos de muitas formas, encorajando a reflexão, clareando as ideias e agindo como um catalisador para as discussões em grupo. Os registros ajudam o aluno a aprender o que está estudando. Do mesmo modo, quem observa e lê as produções dos alunos tem informações importantes a respeito de suas aprendizagens, o que significa que nos registros produzidos temos outro importante instrumento de avaliação (Smole e Diniz, 2000).

Os registros são decididos em função da necessidade e das possibilidades dos alunos e da sua proposta. Se forem feitos em forma de texto, podem assumir diferentes aspectos quanto à sua elaboração (coletivo, individual, em duplas, por grupo de jogo), quanto ao destinatário (pais, colega, professor, próprio autor), e quanto ao portador de referência. Por exemplo:

- Texto narrativo relacionado às observações dos alunos sobre o jogo: o que aprenderam, características e descobertas sobre o jogo.
- Bilhete comentando um aspecto do jogo para um amigo: o aluno pode mandar uma dúvida que precisa ser encaminhada a alguém que consiga respondê-la, ou falar sobre a aprendizagem mais importante que fez, ou outra opção que você considere adequada.
- Uma carta ensinando o jogo para outra pessoa ou para outra classe.
- Uma lista de dicas para ter sucesso no jogo, ou para indicar como superar determinados obstáculos.

Nos diversos jogos que sugerimos neste caderno, você verá alguns exemplos dessas propostas. Contudo, gostaríamos de acrescentar algo que se refere à avaliação. Analisar os registros dos alunos como instrumento de avaliação é quase sempre mais eficaz do que obter dados a partir de uma prova pontual, porque permite intervenções imediatas na realidade observada, não sendo necessário esperar um bimestre ou um trimestre para resolver os problemas que surgem ou, na pior das hipóteses, tomar consciência deles. O registro produzido pelo aluno sem a pressão causada pela prova possibilita maior liberdade para mostrar aquilo que sabe ou sobre o que tem dúvidas. Essa finalidade não pode ser menosprezada ou esquecida. É importante que você utilize as produções dos alunos para identificar suas aprendizagens, necessidades, incompreensões, as origens delas e pensar com os alunos em formas de superação.

Problematizando um jogo

Embora durante um jogo surjam naturalmente inúmeras situações-problema que os jogadores devem resolver para aprimorar suas jogadas, para decidir o que fazer antes de realizar uma ação, para convencer um oponente de seu ponto de vista e até para neutralizar ou dificultar a jogada seguinte do parceiro de jogo, existe a possibilidade de ampliar esse processo por meio da proposição de problemas. Essa ação pode ser feita durante um jogo ou a partir do jogo.

Durante o jogo, enquanto observa os alunos jogando, você pode pedir para que eles expliquem uma jogada, ou porque tomaram uma decisão e não outra, e até mesmo perguntar se não há uma jogada que dificulte a próxima ação. Vale a pena também se colocar como jogador em algumas ocasiões para observar como os alunos pensam, fazer uma jogada e discuti-la com o grupo no qual está jogando.

Essa problematização no ato do jogo favorece sua percepção das aprendizagens, das dúvidas, das confusões, do envolvimento dos alunos na própria ação de jogar.

No entanto, alguns cuidados são necessários. O primeiro deles é saber o limite de problematizar, cuidando para que a ação de jogar, o prazer de jogar e o envolvimento com o jogo não fiquem prejudicados devido ao excesso de perguntas vindas de sua parte. O segundo é lembrar que, não sendo possível observar todos os alunos ao mesmo tempo, você precisa criar um roteiro de observação para olhar diferentes grupos jogando em cada uma das vezes que o jogo se repetir.

Há ainda, conforme dissemos anteriormente, a possibilidade de exploração a ser feita após o jogo. Nesse caso, são escolhidas possíveis jogadas para os alunos analisarem, criadas perguntas que lhes permitam pensar em aspectos do jogo que podem ser aprofundados, simular situações nas quais analisem entre algumas jogadas possíveis qual a melhor decisão a tomar, entre várias outras propostas. Nesse caso também há cuidados a serem tomados.

O primeiro deles é não propor esse tipo de problema logo na primeira vez em que os alunos jogarem, já que o desconhecimento das regras e as incompreensões iniciais podem desfavorecer uma discussão mais rica por parte da turma. Temos visto que depois da segunda ou terceira vez em que jogam é que os alunos aproveitam mais cada problema e envolvem-se bem com eles.

O segundo cuidado é fazer registros das conclusões mais importantes que forem tiradas enquanto são discutidas as problematizações e por fim observar os efeitos dessas problematizações na própria ação de jogar. Ou seja, verifique se os alunos passam a analisar melhor suas jogadas, se pensam mais para decidir como realizar suas ações de jogo, se ampliam sua discussão sobre o próprio jogo, se fazem novas perguntas. Isso mostra que as explorações cumpriram sua função de envolver os alunos em aprender mais e melhor nas aulas de matemática.

Uma última forma de problematizar o jogo é pedir aos alunos que modifiquem as regras, ou que inventem um jogo parecido com aquele que foi dado. Nessa proposta, será preciso que eles elaborem um plano sobre como será o jogo e de quais recursos necessitarão para fazê-lo, criem as regras, joguem os jogos que elaboraram, analisem as produções uns dos outros e tenham tempo para aprimorá-las, de modo que qualquer pessoa que desejar possa jogar. Essa é uma proposta mais complexa, mas permite aos alunos perceberem como acontece a estruturação de regras, a relação delas com as jogadas e o seu grau de complexidade, selecionar o conhecimento matemático necessário para produzir as situações de jogo. É uma proposta que permite aos alunos utilizarem seus conhecimentos em uma nova situação, estabelecendo novas relações de significado para eles.

Ações de problematização serão sugeridas em muitos dos jogos deste caderno. Você pode utilizá-las ou propor outras que considere mais adequadas ao seu grupo de alunos.

COMO USAR ESTE CADERNO

Os jogos que apresentamos neste caderno não aparecem em uma sequência para ser usada do começo ao fim. Eles foram pensados para oferecer níveis diferentes de complexidade, para diferentes séries, envolvendo variados conceitos e procedimentos matemáticos. Por isso, você pode escolher o melhor momento de apresentá-los aos seus alunos em função das necessidades de ensino e aprendizagem e de acordo com o seu planejamento.

Cada jogo é apresentado para o grupo ao qual se destina, podendo ser utilizado em mais de um. Isso ocorre porque um jogo que em um ano tem como foco introduzir ou aprofundar um conceito, em outro pode servir como uma retomada de algo que foi visto, porém ainda não aprendido.

Todas as propostas foram organizadas de modo a que você saiba os objetivos daquele jogo e quais os recursos necessários para a sua realização. Além das regras, há modelos de cartas, tabuleiros e fichas de anotações, quando isso se fizer necessário.

Quase sempre a proposta contém sugestões de exploração e exemplos de produções de alunos que ilustram alguns dos comentários que fizemos sobre o jogo no ensino e na aprendizagem da matemática.

As indicações de ano já seguem as novas determinações do MEC sobre a reorganização do ensino fundamental para nove anos, dada pela Lei 11.114, de 16 de maio de 2005. De acordo com essa Lei o ensino fundamental ocorrerá a partir dos 6 anos e deverá ser concluído aos 14 anos, sendo que fica dividido em duas grandes etapas: anos iniciais (1º ao 5º ano) e anos finais (6º ao 9º ano).

Neste caderno, já utilizamos a nova nomenclatura. A tabela a seguir indica a correspondência entre a antiga denominação e a atual, e poderá auxiliá-lo a localizar e selecionar os jogos para seus alunos.

Ensino Fundamental 9 anos	Correspondência Idade	Ensino Fundamental 8 anos
1º ano	06 anos	
2º ano	07 anos	1ª série
3º ano	08 anos	2ª série
4º ano	09 anos	3ª série
5º ano	10 anos	4ª série
6º ano	11 anos	5ª série
7º ano	12 anos	6ª série
8º ano	13 anos	7ª série
9º ano	14 anos	8ª série

PARA FECHAR ESTA CONVERSA

Como você deve ter percebido, não pensamos no jogo como uma atividade esporádica, que se possa fazer apenas para tornar uma ou outra aula mais divertida ou diferente. Também não pensamos no jogo como algo que seja feito fora da sala de aula. Para nós, o jogo é bem mais que isso. A possibilidade de utilizar os jogos relaciona-se com a aprendizagem, com a própria construção do conhecimento matemático e, portanto, com a resolução de problemas.

Ainda que possa parecer uma contradição, para nós o jogo nas aulas de matemática é uma atividade séria, que exige planejamento cuidadoso, avaliação constante das ações didáticas e das aprendizagens dos alunos. Nossos estudos mostram que, se bem-aproveitadas as situações de jogo, todos ganham. Ganha o professor porque tem uma possibilidade de propor formas diferenciadas de os alunos aprenderem, permitindo um maior envolvimento de todos e criando naturalmente uma situação de atendimento à diversidade de aprendizagem, uma vez que cada jogador é que controla seu ritmo, seu tempo de pensar e de aprender. Ganha o aluno porque fica envolvido por uma atividade complexa, que permite a ele, ao mesmo tempo em que constrói noções e conceitos matemáticos, desenvolver muitas outras habilidades que serão úteis por toda a vida e para aprender não apenas matemática.

NOTA

1. Chamamos de jogos comerciais aqueles que são encontrados em lojas de brinquedos e que são produzidos industrialmente. De modo geral, não é comum que esse tipo de jogo seja utilizado nas aulas de matemática, a despeito de fazer parte do cotidiano dos alunos e permitir o desenvolvimento de variadas estratégias de pensamento por eles.

2 A Maior Vence

Anos 1º 2º 3º 4º 5º

Este jogo auxilia os alunos a justificar as respostas e o processo de resolução de um problema, a comparar quantidades, a ler e interpretar escritas numéricas. As crianças poderão utilizar diferentes critérios para comparação dos números, como, por exemplo, pela posição que um número ocupa na sequência numérica, pela identificação de qual dos números tem mais unidades, dezenas ou centenas, ou mesmo pela análise do primeiro algarismo de cada número apresentado nos cartões. Será na busca pela fundamentação desses critérios que elas compreenderão como comparar números e entenderão novos aspectos do sistema de numeração decimal.

Organização da classe: em duplas.

Recursos necessários: um jogo de 40 cartas numeradas de 11 a 50.

Meta: obter o maior número de cartas no final do jogo.

ORIENTE SEUS ALUNOS QUANTO ÀS REGRAS

1. Todas as cartas são distribuídas aos jogadores.
2. Sem olhar, cada jogador forma uma pilha na sua frente com as suas cartas viradas para baixo.
3. A um sinal combinado, os dois jogadores simultaneamente viram as primeiras cartas de suas respectivas pilhas. O jogador que virar a carta maior leva as duas.
4. O jogo acaba quando as cartas acabarem.
5. O jogador que tiver o maior número de cartas no final do jogo será o vencedor.

ALGUMAS EXPLORAÇÕES POSSÍVEIS

Após a realização do jogo, você pode pedir aos seus alunos que façam um desenho sobre ele. Em roda, proponha uma discussão sobre como cada um registrou, o que ficou igual, diferente, etc.

Depois que os seus alunos jogaram pela segunda ou terceira vez, proponha que elaborem um texto sobre o jogo, abordando as regras, o modo de jogar, as aprendizagens feitas ou as dificuldades encontradas. É muito importante que em um outro momento, antes de propor esse jogo novamente, o texto seja utilizado para relembrar como o jogo é realizado. Por isso, cada criança deve ter uma cópia do texto que ajudou a elaborar, o qual será lido antes de jogarem.

PROBLEMATIZAÇÕES

- Em uma sala, quando as crianças estavam jogando, uma dupla comparava as cartas com os números 12 e 21. Qual é a maior carta?
- Uma outra dupla comparava as cartas 23 e 32. A criança que tinha a carta de número 23 disse que a sua carta era a maior. Você concorda? Por quê?
- Se você tivesse que ajudar uma dupla a descobrir qual o maior número entre 25 e 28, que dica você daria? E entre 13 e 31?
- João e Pedro, enquanto jogavam Batalha, fizeram o registro de suas jogadas em uma tabela. Veja como ficou o registro após cinco rodadas e complete a tabela na coluna maior número:

Rodada	João	Pedro	Maior número
1ª	25	18	
2ª	32	48	
3ª	43	34	
4ª	13	31	
5ª	19	49	

Quem venceu o jogo depois de 5 rodadas?

Variações do jogo

1. É possível organizar grupos de quatro alunos, e a decisão pela maior carta deve ser feita entre as quatro cartas apresentadas pelos jogadores. Essa variação torna a comparação mais complexa e a necessidade de discussão entre os participantes proporciona uma análise mais criteriosa dos números.

2. É possível organizar as cartas para intervalos maiores. Nesse caso, cada grupo de quatro alunos pode ter um intervalo diferente e, a cada vez que o jogo for proposto, é possível um rodízio de cartas de forma que os alunos tenham a oportunidade de fazer diferentes comparações de quantidades. Nessa variação, podem ser utilizadas sequências de 5 em 5, 10 em 10, 100 em 100 ou outras que se julgue interessantes.

CARTAS PARA O JOGO BATALHA

11	12	13	14
15	16	17	18
19	20	21	22
23	24	25	26
27	28	29	30
31	32	33	34
35	36	37	38
39	40	41	42
43	44	45	46
47	48	49	50

3 Faça 10

Anos: 1º 2º 3º 4º 5º

Este jogo favorece a compreensão da contagem, noções de adição e o cálculo mental.

Organização da classe: grupos de dois a quatro jogadores.

Recursos necessários: 36 cartas de um baralho normal, sem os 10, as figuras e os coringas (cartas de ás a 9 de todos os naipes).

Meta: conseguir a maior quantidade de cartas ao final do jogo.

ORIENTE SEUS ALUNOS QUANTO ÀS REGRAS

1. Os jogadores decidem quem começa o jogo.
2. Todas as cartas são distribuídas entre os jogadores que as organizam em pilhas.
3. As pilhas de cartas de cada jogador ficam viradas para baixo, de modo que ele não veja suas próprias cartas nem as do companheiro.
4. Os jogadores decidem quem será o primeiro a jogar.
5. Quando chega sua vez, o jogador vira a carta superior de sua pilha sobre a mesa e tenta completar um total de 10 com uma ou mais cartas que estiverem sobre a mesa. As cartas que somarem 10 são retiradas da mesa e ficam com o jogador.

6. Se o jogador não puder formar 10 ele apenas deixa sua carta sobre a mesa.
7. O jogador com o maior número de cartas ao final do jogo será o vencedor
8. O jogo acaba quando nenhum 10 puder mais ser formado.

Ao propor esse jogo a crianças de 6 anos e 7 anos, a primeira formação dos grupos pode ser livre para que a professora avalie, por observação, como cada aluno percebe e age diante das regras do jogo.

A apresentação do jogo é feita inicialmente, com as crianças todas em círculo sentadas no chão. A professora fala sobre o jogo e joga alternadamente com algumas crianças para que toda classe possa observar e se familiarizar com o jogo.

Mas há outras formas de apresentar o jogo: jogar com pequenos grupos antes da classe toda; dividir a classe em dois grupos e orientar sobre as regras; ter metade da classe realizando uma tarefa combinada e jogar com a outra metade invertendo posteriormente as atividades ou ainda, deixar a classe fazendo alguma outra atividade e jogar com um grupo por vez.

Durante o tempo em que as crianças jogam, observe cada aluno para perceber aqueles que jogam com facilidade, os que compreendem as regras, mas não conseguem realizar a tarefa matemática nele envolvida e aqueles que sequer percebem como iniciar o jogo.

Organize uma roda de conversa com os alunos e tire as dúvidas. Na próxima vez em que jogar organize os grupos em função de suas observações. Pode, por exemplo, colocar as crianças que compreenderam melhor o jogo com outras que ainda precisam de ajuda, ou formar um grupo com crianças com mais dúvidas e jogar com elas para poder interferir.

Pode propor desenhos e textos como forma de registros. Veja um texto coletivo para o jogo *Faça 10*.

REGRAS DO FAÇA 10

1. Embaralhar as cartas e dividi-las.
2. Não pode ver as cartas.
3. Jogar uma carta na mesa.
4. Precisa formar o número 10 com as cartas 1, 2, 3, 4, 5, 6, 7, 8 e 9.
5. Quem tiver no final mais cartas ganha o jogo.

PROBLEMATIZAÇÕES

1. Pedro virou um 6 e na mesa estavam as cartas 1, 5, 7 e 3. Ele pode formar um 10?

2. Juliana olhou a mesa e viu que as cartas eram 2, 4, 7 e 9. Quais cartas ela teria que virar para conseguir formar um 10?
3. Quais as possibilidades de formar 10 com duas cartas?
4. Quais as possibilidades de formar 10 com três cartas?
5. Propor que os alunos modifiquem o jogo para uma nova soma.

VARIAÇÕES

1. Confeccionar com os alunos cartas 10, 20, 30, 40, 50, 60 e 90 e jogar para formar 100.
2. Confeccionar cartas 100, 200, 300, 400, 500, 600 e 900 e jogar para formar 1000.

4 Um a Mais, Um a Menos Dez a Mais, Dez a Menos*

Anos: 1º 2º 3º 4º 5º

Este jogo auxilia na compreensão do sistema de numeração decimal, no reconhecimento e na nomeação dos números naturais, no cálculo mental envolvendo adição e subtração e no conhecimento da sequência numérica.

Organização da classe: grupos de quatro jogadores.

Recursos necessários: um tabuleiro quadriculado com 100 espaços vazios, um quadro pequeno com espaços numerados de 1 a 100 (quadro da centena) e 100 fichas do tamanho das quadrículas do tabuleiro vazio, numeradas de 1 a 100.

Meta: ser o primeiro a colocar todas as suas fichas no tabuleiro.

ALGUMAS EXPLORAÇÕES POSSÍVEIS

Antes da realização do jogo, sugerimos que você aproveite algumas aulas para a exploração do quadro de números que será utilizado. Veja algumas sugestões:

- Colocar na sala de aula uma cópia do Quadro da Centena e providenciar uma cópia menor para cada aluno consultar sempre que for necessário, inclusive no jogo:

*Adaptado de Kamii, C.; Joseph, L.L. *Aritmética: novas perspectivas*. Campinas: Papirus, 1992.

1	2	3	4	5	6	7	8	9	10
11	12	13	14	15	16	17	18	19	20
21	22	23	24	25	26	27	28	29	30
31	32	33	34	35	36	37	38	39	40
41	42	43	44	45	46	47	48	49	50
51	52	53	54	55	56	57	58	59	60
61	62	63	64	65	66	67	68	69	70
71	72	73	74	75	76	77	78	79	80
81	82	83	84	85	86	87	88	89	90
91	92	93	94	95	96	97	98	99	100

Quadro da Centena

Com o quadro exposto, pedir aos alunos que o observem atentamente e então problematizar:

- Qual o maior número do quadro? E o menor?
- O que acontece com os números que aparecem nas linhas?
- Observe a linha do 81. O que os números têm de semelhante?
- Observe a coluna do 6. Como aumentam os números? O que eles têm de semelhante?

Em uma outra aula, entregue aos seus alunos uma cópia do Quadro da Centena que eles possam pintar e dê alguns comandos, como:

- Pinte de vermelho o número 23.
- Pinte de amarelo o número 32.
- Pinte de verde o número que está antes do 84 e depois do 82.

Em uma próxima vez, dê a eles cópias do quadro incompleto e proponha que completem os números que estão faltando:

a)

1	2	3		5	6	7	8	9	10
11	12	13		15	16	17	18	19	20
21	22	23		25	26	27	28	29	30
31	32	33		35	36	37	38	39	40
41	42	43		45	46	47	48	49	50
51	52	53		55	56	57	58	59	60
61	62	63		65	66	67	68	69	70
81	82	83		85	86	87	88	89	90
91	92	93		95	96	97	98	99	100

b)

1	2	3	4	5	6	7	8	9	10
11	12	13	14	15	16	17	18	19	20
21	22	23	24	25	26	27	28	29	30
31	32	33	34				38	39	40
41	42	43	44				48	49	50
51	52	53	54				58	59	60
61	62	63	64	65	66	67	68	69	70
71	72	73	74	75	76	77	78	79	80
81	82	83	84	85	86	87	88	89	90
91	92	93	94	95	96	97	98	99	100

- Sugira que, em grupo, contem como fizeram para descobrir os números que faltavam e socialize as estratégias de cada grupo.
- Proponha que eles resolvam uma adivinha observando o quadro:

  Sou um número de dois algarismos, estou entre o 45 e o 50 e termino em 7. Quem sou eu?

APÓS A REALIZAÇÃO DAS ATIVIDADES ANTERIORES PARA EXPLORAÇÃO DO QUADRO DA CENTENA, ORIENTE SEUS ALUNOS QUANTO ÀS REGRAS

1. São distribuídas oito fichas para cada jogador, e as restantes formam o monte no centro da mesa.
2. Qualquer ficha do monte é colocada no local correto do tabuleiro, isto é, no local correspondente ao número que nela aparece. Os alunos podem consultar seus quadros de números para saber onde colocar a ficha.
   Imaginemos que a ficha escolhida seja o 32 e vejamos como ficaria o quadro:

	32								

3. A partir daí, cada jogador só pode colocar uma ficha que seja um a mais ou um a menos, dez a mais ou dez a menos do que qualquer ficha que esteja colocada no tabuleiro. Por exemplo, se o 32 foi colocado no tabuleiro, então na sua vez um jogador só pode colocar uma das seguintes cartas: 33 (que é *um a mais* do que 32), 31 (que é *um a menos* do que 32), 42 (que é *dez a mais* do que 32) ou 22 (que é *dez a menos* do que 32).

	22								
31	**32**	33							
	42								

Caso na sua vez o jogador não tenha uma ficha que seja um a mais, um a menos, dez a mais ou dez a menos do que outra que já esteja no tabuleiro, ele deve comprar uma ficha do monte e, se não conseguir, passa a vez.

4. Ganha quem acaba com suas fichas primeiro.

ALGUMAS EXPLORAÇÕES POSSÍVEIS

Sugerimos essas explorações após os alunos terem realizado o jogo pela segunda vez. As explorações podem ser propostas ao longo das aulas em que os alunos realizarem o jogo.

a) Angela estava jogando com Carla e conseguiu colocar a ficha de número 26. Quais fichas podem estar próximas à dela?

b) Bruna tem em seu banco as fichas de número 7, 96, 35 e 78. Olhando para o tabuleiro abaixo, quais fichas ela poderia utilizar na sua vez de jogar? Por quê?

				5	6				
					16	17			
						27			
					36	37			
						47			
71	72	73	74	75	76	77	78	79	80
81	82	83	84	85	86	87	88	89	90
91	92	93	94	95	96	97	98	99	100

c) Felipe tem em seu banco a ficha de número 21. Olhando para o tabuleiro abaixo, é possível dizer se ele utilizará a sua ficha?

1	2	3	4	5	6				10
	12	13	14	15	16	17	18	19	20
		23	24	25	26	27	28	29	30
	32	33	34	35	36	37	38	39	40
41				45	46	47	48	49	50
51	52	53	54	55	56	57	58	59	60
61	62	63	64			67	68	69	70
71	72	73	74			77		79	80
81	82	83	84			87	88	89	90
91	92	93	94	95	96	97	98	99	100

d) Enquanto jogava, um grupo de alunos cometeu três erros. Veja se você consegue descobrir quais são e dê alguma dica para que esses erros não sejam cometidos novamente:

				25	26	27			
			34	35	36	37	38	39	
				45	46	74		49	
					56	57			
					66				
				75	67				
				85					
				59	96				

Você também pode propor problemas que auxiliem na exploração do que é sucessor e antecessor:

- Quando estava jogando, Laurinda olhou para o tabuleiro e disse: "Eu vou colocar o número que é um a mais que 77". Qual número ela colocou?

Depois que os alunos responderem, aproveite para encaminhar explicando que: esse número é o sucessor de 77. Pode-se fazer o mesmo para o antecessor. Por exemplo:

- O adversário de Laurinda logo depois disse: "Eu vou colocar o número que é um a menos que 16". Qual número ele colocou?

Após discutirem as respostas, questione os alunos sobre como esse número pode ser chamado e encaminhe para o que é antecessor.

Ao final, organize um pequeno texto coletivo, destacando o seguinte:

Quando somamos 1 a qualquer número, o resultado é o sucessor desse número. Então, o número que é um a mais que 77 é o seu sucessor: 77 + 1 = 78.

Quando subtraímos 1 de qualquer número, o resultado é o antecessor desse número. Então, o número que é um a menos que 16 é o seu antecessor: 16 - 1 = 15.

MODELO DE QUADRO DA CENTENA

1	2	3	4	5	6	7	8	9	10
11	12	13	14	15	16	17	18	19	20
21	22	23	24	25	26	27	28	29	30
31	32	33	34	35	36	37	38	39	40
41	42	43	44	45	46	47	48	49	50
51	52	53	54	55	56	57	58	59	60
61	62	63	64	65	66	67	68	69	70
71	72	73	74	75	76	77	78	79	80
81	82	83	84	85	86	87	88	89	90
91	92	93	94	95	96	97	98	99	100

TABULEIRO PARA O JOGO

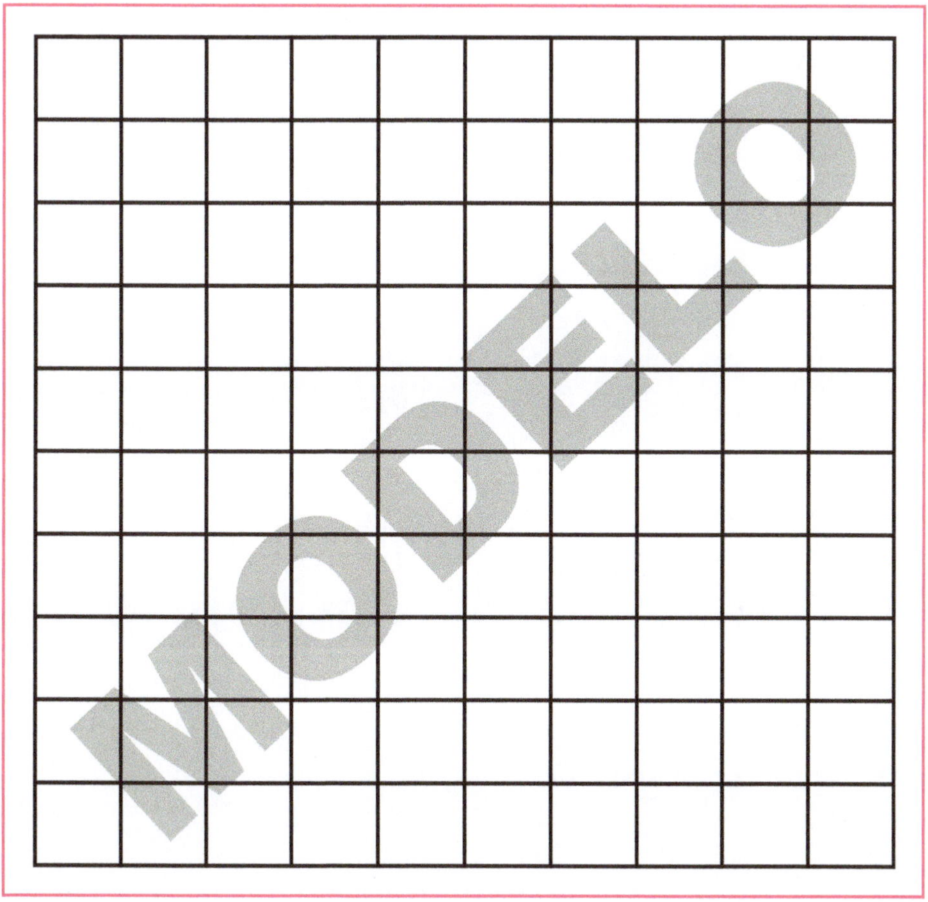

5 Um Exato

Anos: 1º 2º 3º 4º 5º

Este jogo auxilia a reconhecer e nomear números naturais, a justificar respostas e o processo de resolução de um problema e a efetuar adições e subtrações mentalmente.

Organização da classe: em duplas.

Recursos necessários: quadro da centena numerado (usar modelo sugerido para o jogo *Um a mais, um a menos, dez a mais, dez a menos*), três dados e 15 marcadores de cores diferentes para cada jogador.

Meta: conseguir chegar exatamente ao 1.

ORIENTE SEUS ALUNOS QUANTO ÀS REGRAS

1. Cada jogador coloca o seu marcador na casa de número 100 do quadro da centena.
2. Os jogadores revezam-se lançando os três dados e somando ou subtraindo os resultados, conforme acharem melhor.
3. Se um jogador obtém 20, por exemplo com a soma dos três dados, subtrai esse valor mentalmente de 100 e coloca um dos seus marcadores no 80 e não tira mais o seu marcador de lá.

4. O mesmo procedimento é realizado pelo próximo jogador, mas se ele também obtiver o valor 20 não poderá colocar o seu marcador no 80, pois lá já tem um marcador do oponente. Nesse caso, ele terá de passar a vez e continuar onde estava antes da jogada. Isso significa que o jogador antes de dizer o resultado da conta feita com os seus dados precisa cuidar para não chegar ao valor de uma casa já marcada.
5. Se o jogador avaliar que não é possível chegar a uma casa de menor valor que aquela que ele estava e que não esteja marcada, passa a vez.
6. O objetivo do jogo é seguir até o 1, exatamente. Se o jogador não conseguir chegar a 1, a partida continua até que alguém o atinja exatamente.

1	2	3	4	5	6	7	8	9	10
11	12	13	14	15	16	17	18	19	20
21	22	23	24	25	26	27	28	29	30
31	32	33	34	35	36	37	38	39	40
41	42	43	44	45	46	47	48	49	50
51	52	53	54	55	56	57	58	59	60
61	62	63	64	65	66	67	68	69	70
71	72	73	74	75	76	77	78	79	80
81	82	83	84	85	86	87	88	89	90
91	92	93	94	95	96	97	98	99	100

Anos 1º 2º 3º 4º 5º

6 Jogo das Três Cartas

Este jogo auxilia a compreender a estrutura do sistema de numeração decimal, a aprender a sequência numérica e a fazer comparação de quantidades.

Organização da classe: grupos de quatro jogadores.

Recursos necessários: cartas numeradas de 0 a 9, em um total de três com cada algarismo, para cada grupo.

Meta: conseguir marcar o maior número de pontos ao final de 10 jogadas.

ORIENTE SEUS ALUNOS QUANTO ÀS REGRAS

1. Montam-se os grupos de quatro jogadores para decidir quem será o carteador.
2. O carteador embaralha as cartas e entrega três delas para cada componente do grupo, sem olhar quais são.
3. Você dá uma ordem: "Formem o maior número possível com as cartas que receberam".
4. Após formar o número com as cartas, os componentes do grupo conferem para ver quem fez o maior número.
5. Suponhamos que cada componente tenha recebido três cartas e que um jogador esteja com as cartas 3, 0, 9. Ele pode compor o número 930. E

assim devem fazer os outros. Quem obtiver o maior número ganha um ponto naquela rodada.

6. O carteador então reúne todas as cartas, embaralha e distribui para cada jogador de acordo com o combinado.
7. Dê uma nova ordem, que pode ser:

"Fomar um número próximo de ... ou ..."
"Formar um número que esteja entre ... e ..."
"Formar o maior número par."
"Formar o menor ímpar."
"Formar o menor número possível."

É importante discutir com os alunos onde o zero pode aparecer para que tenhamos um número de três algarismos, analisando que o zero à esquerda não tem valor ou que não temos zero como primeiro algarismo de um número.

8. Ao final de 10 jogadas, ganha quem tiver feito mais pontos.

ALGUMAS EXPLORAÇÕES POSSÍVEIS

Propor problemas a partir do jogo:

- Em uma turma, a professora deu o seguinte comando: "Formar o maior número possível". Uma das crianças de um grupo formou com as cartas 1, 2 e 7 o número 271. Você concorda que esse é o maior número que ela poderia formar? Por quê?
- Em um outro grupo para esse mesmo comando, os alunos formaram os números 654, 921, 900 e 671. Qual criança venceu essa rodada? Explique.
- Em uma comparação entre dois números, um grupo de crianças concordou que, entre 609 e 599, o segundo era o maior. Você concorda? Por quê?
- Uma outra variação possível é modificar o número de cartas para quatro ou mesmo cinco e, então, explorar outros intervalos numéricos.

No 3º ano é interessante trabalhar com outros comandos:

"Formar o número ímpar mais próximo de 320".
"Formar um número que esteja entre 3.200 e 3.300".
"Formar um número que possa ser dividido por 3 sem deixar resto".

Veja alguns bilhetes produzidos por alunos de 2º ano enquanto trabalhavam com esse jogo:

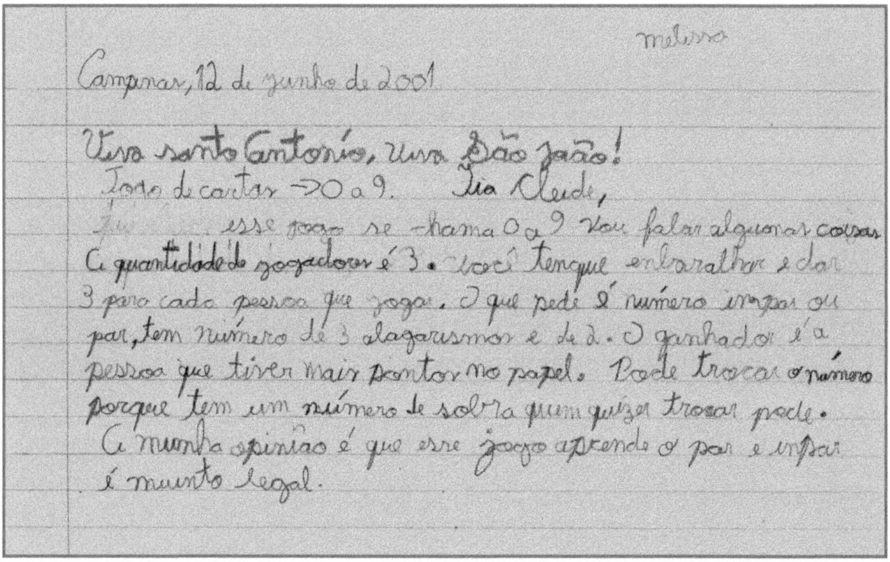
melissa

Campinas, 12 de junho de 2001

Viva santo Antonio, viva São João!

Jogo de cartas 0 a 9. Tia Cleide,

esse jogo se chama 0 a 9 Vou falar algumas coisas
A quantidade de jogadores é 3. Você tem que embaralhar e dar
3 para cada pessoa que jogar. O que pede é número impar ou
par, tem número de 3 algarismos e de 2. O ganhador é a
pessoa que tiver mais pontos no papel. Pode trocar o número
porque tem um número de sobra quem quiser trocar pode.
A minha opinião é que esse jogo aprende o par e impar
é muito legal.

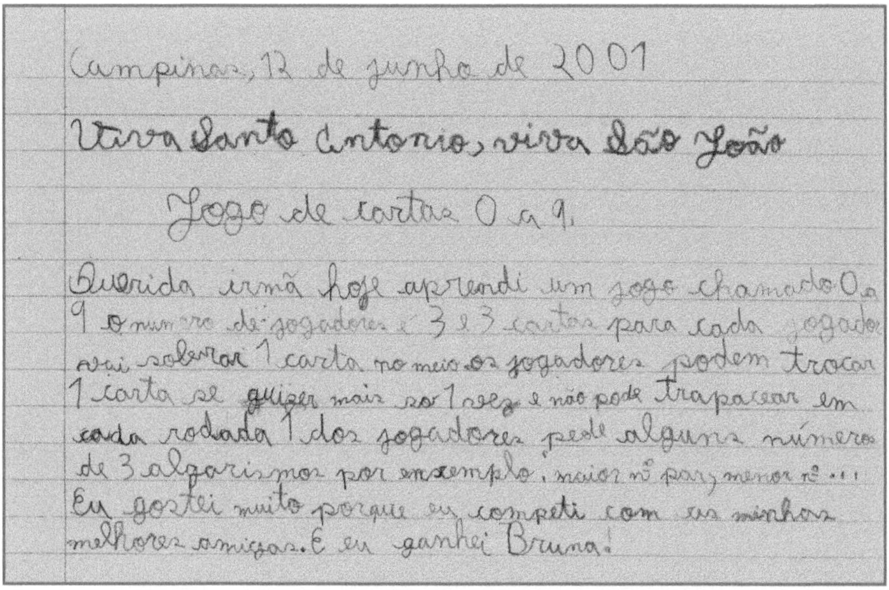
Campinas, 12 de junho de 2001

Viva Santo Antonio, viva São João

Jogo de cartas 0 a 9.

Querida irmã hoje aprendi um jogo chamado 0 a
9 o numero de jogadores é 3 e 3 cartas para cada jogador
vai sobrar 1 carta no meio os jogadores podem trocar
1 carta se quiser mais so 1 vez e não pode trapacear em
cada rodada 1 dos jogadores pede alguns números
de 3 algarismos por exemplo, maior nº par, menor nº ...
Eu gostei muito porque eu competi com as minhas
melhores amigas. E eu ganhei Bruna!

COLOCAR AS CARTAS DO JOGO

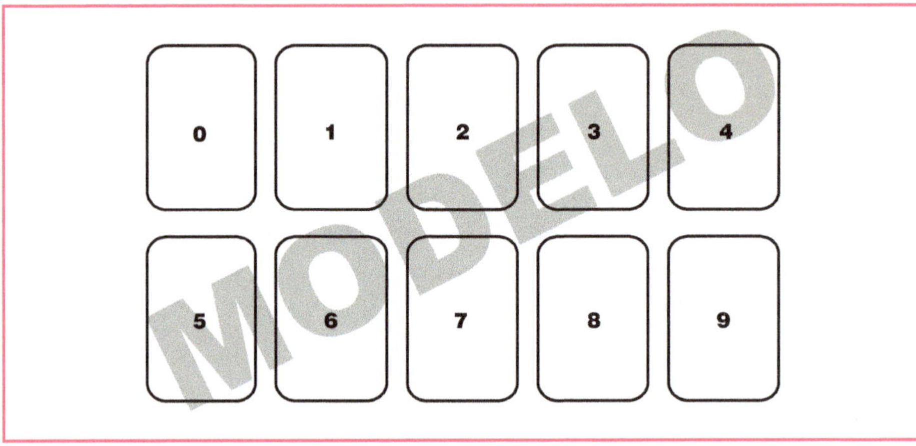

São necessárias para o jogo três cartas de cada valor.

7 Cubra e Descubra

Anos 1º 2º 3º 4º 5º

Este jogo auxilia os alunos a associar uma quantidade ao símbolo que a representa, a compreender a ideia da adição como a ação de adicionar uma quantidade à outra, a efetuar adições mentalmente e a construir os fatos fundamentais da adição a partir de situações-problema.

Organização da classe: em duplas.

Recursos necessários: um tabuleiro (como o do modelo), 22 fichas (sendo 11 de cada cor) e 2 dados.

Meta: conseguir tirar todas as fichas do seu lado do tabuleiro.

ORIENTE OS ALUNOS QUANTO ÀS REGRAS

1. Cada jogador coloca todas as suas fichas no seu lado do tabuleiro, de modo a cobrir todos os números que nele aparecem.
2. Na sua vez, o jogador lança os dois dados, adiciona os pontos que saírem nos dados e tira do tabuleiro a ficha que cobre a soma.
3. Quem erra a soma, ou ao tirar a ficha, perde a vez.
4. O vencedor será aquele que primeiro tirar todas as fichas do seu lado do tabuleiro.

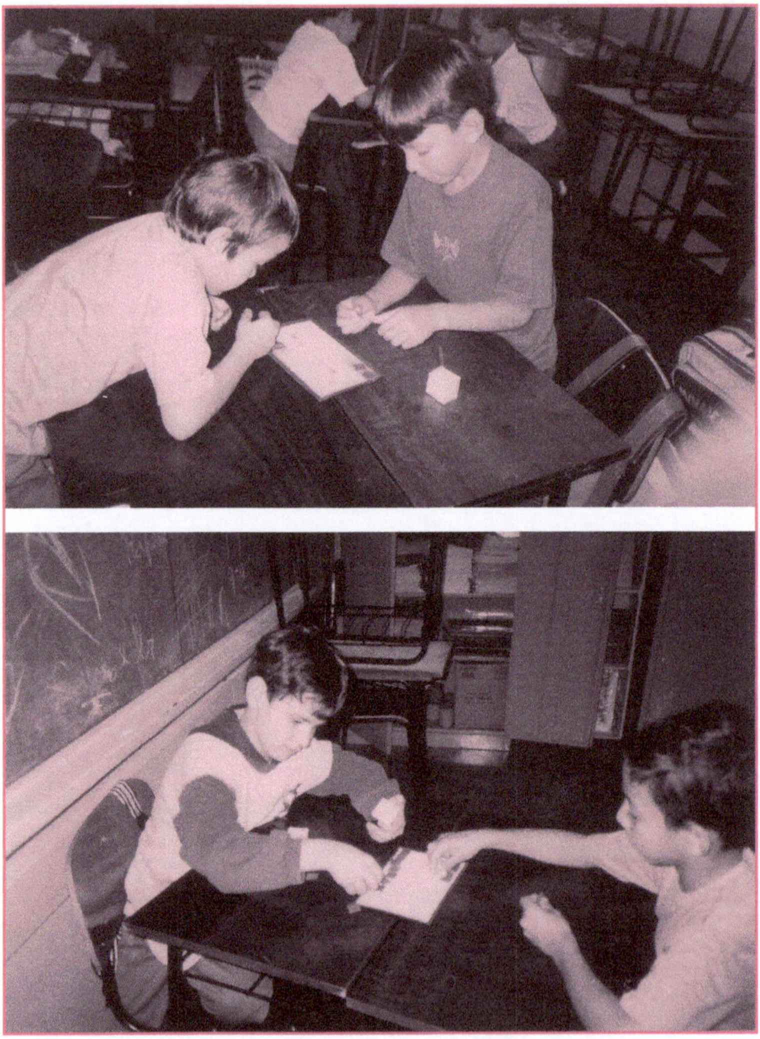

Após os alunos terem jogado pela primeira vez, proponha a eles que façam um desenho sobre o jogo. Em uma turma de 1º ano, após as crianças terem jogado *Cubra e descubra*, a professora propôs que fizessem um registro do jogo. Veja como ficou:

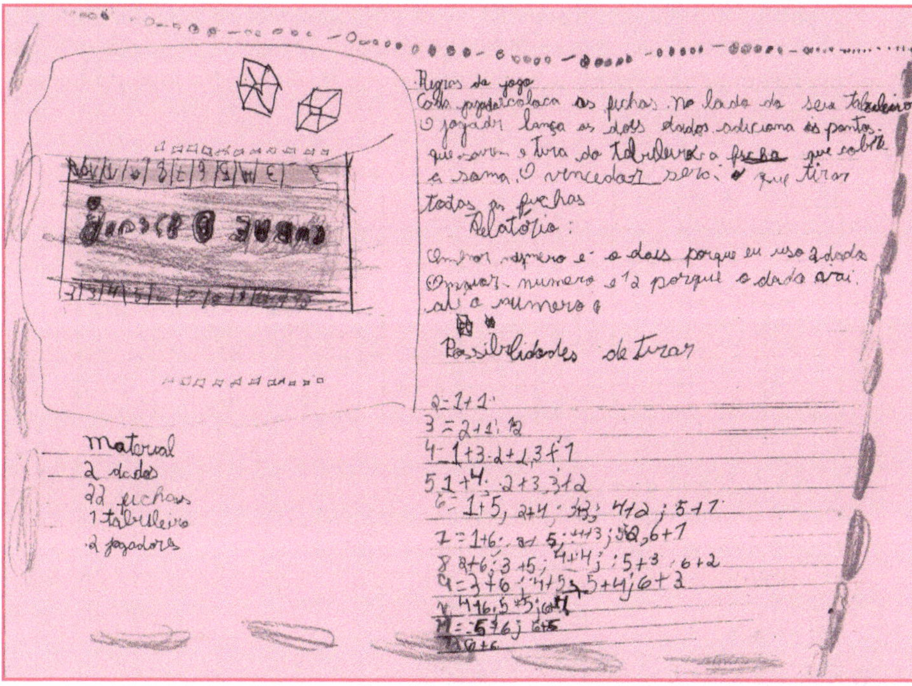

A partir da segunda vez em que jogarem, você pode conversar com os seus alunos sobre as descobertas e propor a eles que respondam a algumas questões:

- Por que o menor número do tabuleiro é o 2?
- Por que o 0 e o 1 não aparecem no tabuleiro? É possível fazer aparecer o 0 e o 1 quando adicionamos os números de dois dados?
- Por que o maior número do tabuleiro é o 12?
- É possível compor números maiores que 12, usando somente dois dados?
- Quais são as possibilidades de você jogar o dado e a soma dar 6?
- Você também pode perguntar quais as formas de se obter os demais resultados que aparecem no tabuleiro.
- O que é mais fácil conseguir: soma 12 ou soma 7? Por quê?
- Por que 1 + 5 e 5 + 1 levam a um mesmo resultado? Nesse caso, é possível discutir se tal fato é verdadeiro para outros números diferentes daqueles com que estão trabalhando.

- A partir de toda essa discussão, você pode mostrar de quantas formas é possível obter uma determinada quantidade, partindo dos números que aparecem nas faces dos dois dados que são lançados. No jogo do *Cubra e descubra*, temos:

2	3	4	5	6	7	8	9	10	11	12
1 e 1	1 e 2 2 e 1	1 e 3 3 e 1 2 e 2	1 e 4 4 e 1 2 e 3 3 e 2	1 e 5 5 e 1 3 e 3 2 e 4 4 e 2	1 e 6 6 e 1 4 e 3 3 e 4 2 e 5 5 e 2	4 e 4 3 e 5 5 e 3 2 e 6 6 e 2	3 e 6 6 e 3 4 e 5 5 e 4	4 e 6 6 e 4 5 e 5	5 e 6 6 e 5	6 e 6

- O que podemos observar?
- Qual é a soma que mais vezes pode aparecer?
- Qual é a soma que menos vezes pode aparecer?
- O que acontece no jogo quando o número que você conseguiu nos dados já está marcado?

Problemas a partir do jogo:

- Juliana jogou os dados e tirou sua ficha do 8. Quais números podem ter saído nos dados?
- Na sua vez de jogar, Tiago tirou 3 em um dado e descobriu o 9. Qual número saiu no outro dado?
- Jogando *Cubra e descubra*, Maria conseguiu tirar, em um lançamento, a ficha que estava sobre o 4 e, em outro lançamento, a ficha que estava sobre o 11. Que números ela tirou nos dados? Invente um problema como este.
- Para sistematizar, você pode propor que os alunos escrevam suas descobertas a partir dessa discussão.

TABULEIRO DO JOGO CUBRA E DESCUBRA

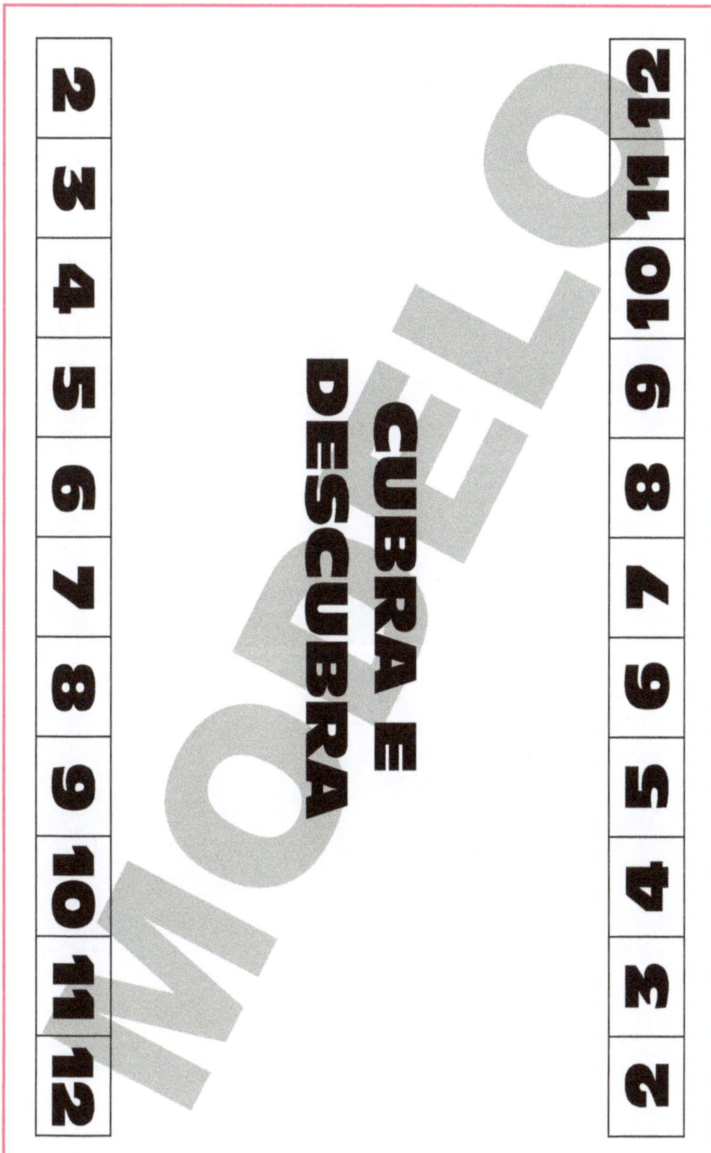

8 Borboleta*

Anos: 1º 2º 3º 4º 5º

Este jogo pode ser usado para que os alunos aprendam a fazer cálculo mental, a resolver problemas envolvendo adição e a fazer comparação de quantidades.

Organização da classe: em grupos de quatro.

Recursos necessários: todas as cartas de um baralho, exceto reis, damas e valetes.

Meta: conseguir formar o maior número de conjuntos de cartas com uma dada soma.

ORIENTE SEUS ALUNOS QUANTO ÀS REGRAS:

1. Cada jogador recebe três cartas que devem ficar viradas para cima, à sua frente, durante toda a partida.
2. Outras sete cartas são também colocadas com a face para cima, em uma fileira no centro da mesa, e as demais ficam em um monte para reposição.
3. Na sua vez, o jogador deve pegar as cartas do meio que forem necessárias para que consiga chegar ao mesmo total que o de suas três cartas. Por exemplo, se ele tem as cartas 3 7 e 5, e no centro da mesa há as cartas 9, 3 4 5 10 9 7 ele poderá pegar as cartas 10 e 5 ou as cartas 7 3 e 5 para obter a soma de suas três cartas que é 15.
4. Quando ele não mais conseguir formar conjuntos com a sua soma, deve repor as cartas que usou do meio com outras do monte e passar a vez ao próximo.

*Adaptado de Kamii, C.; Joseph, L.L. *Aritmética: novas perspectivas*. Campinas: Papirus, 1992.

5. Ao final do jogo, quem obtiver mais conjuntos de cartas com as suas somas será vencedor.

ALGUMAS PROBLEMATIZAÇÕES POSSÍVEIS

- As cartas de Lucas são [3] [5] [9]. Qual é a soma dele durante o jogo?
- Paula tem sempre que formar 17. As cartas na mesa na sua vez de jogar são: [3] [5] [6] [9] [1] [10] [4]. Quais cartas ela pode pegar para conseguir sua soma?
- Antônia tem soma 21. Quais cartas pode ter virado para conseguir essa soma?
- Ana tem estas cartas na mesa: [3] [5] [6] [10] [8] [2] [4]. Sua soma é 30. Ela já pegou 10 e 2. Quais das cartas da mesa deve pegar agora para conseguir sua soma?

VARIAÇÕES DO JOGO

1. Pode ser jogado com quatro cartas para cada jogador e nove cartas no centro da mesa.
2. Em vez de adição, pode-se fazer uma multiplicação com o valor das três cartas. Nessa versão, o jogo é mais indicado a partir do 4º ano.

Desenhos de alunos do 1º ano após jogar Borboleta

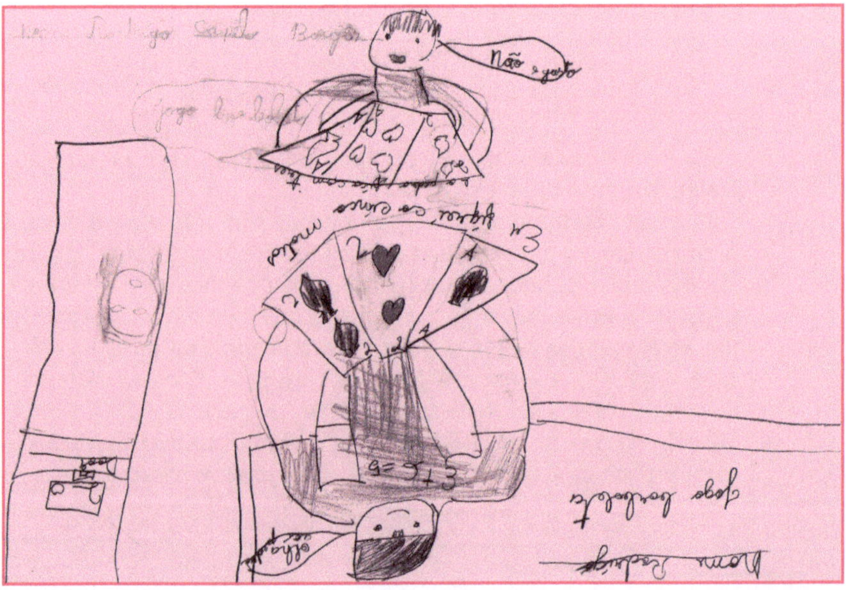

nome: Jéssica
jogo borboleta
eu desisto.
vamos comesar de novo.
eu não
que jogo em.
eu ganhei.

9 Paraquedas*

Anos 1º 2º 3º 4º 5º

Este jogo auxilia a reconhecer e nomear números naturais, a justificar respostas e o processo de resolução de um problema e a efetuar adições e subtrações mentalmente.

Organização da classe: em duplas ou trios.

Recursos necessários: um tabuleiro, um marcador para cada jogador e dois dados.

Meta: conseguir chegar à ilha do tesouro.

ORIENTE SEUS ALUNOS QUANTO ÀS REGRAS

Proponha que eles observem o tabuleiro do jogo, os dados e marcadores e tentem descobrir como se joga, ajudando a escrever as possíveis regras. Depois, sugira que tentem jogar para ver se funciona. Ao final, apresente as regras do jogo:

1. Cada jogador escolhe o seu paraquedas (A, B ou C) e coloca o seu marcador sobre ele.

*Adaptado de Kamii, C.; Joseph, L.L. *Aritmética: novas perspectivas*. Campinas: Papirus, 1992.

2. Cada um, na sua vez, lança os dados e decide se quer somar ou subtrair os pontos. Só pode mover o seu marcador se tirar como resultado um dos três números da primeira fileira à sua frente. No caso, o jogador A deverá conseguir, ao somar ou subtrair os dois dados, o valor 4, 6 ou 11; o B terá de tirar 10, 8 ou 3; o C, por sua vez, terá de tirar 4, 8 ou 3.
3. O jogador que estiver sobre algum desses números continuará a jogar, podendo movimentar seu peão, em qualquer direção, uma casa por vez. Supondo que o jogador A entrou no número 6 da sua primeira fileira, para continuar ele terá de conseguir 4, 9, 7, 6 ou 11 nos dados, se não passará a vez ao próximo.
4. Ganha aquele que primeiro chegar à sua última fileira, conseguindo, assim, encontrar a ilha do tesouro.

ALGUMAS EXPLORAÇÕES POSSÍVEIS

Você pode propor que, ao final da primeira vez que os alunos jogarem, eles façam um registro para comunicar a outra pessoa sobre como é o jogo. Veja como ficou o desenho de duas crianças sobre o *Paraquedas*:

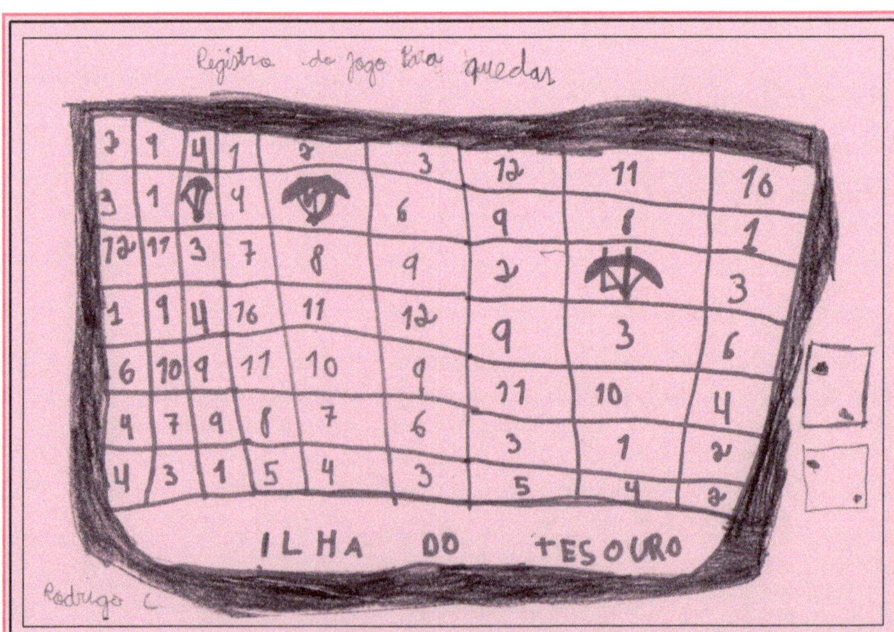

Em outro momento, após os alunos já terem jogado duas vezes, você pode propor que elaborem um texto com as dicas para se dar bem no jogo. Veja como ficou o texto elaborado por crianças do 3º ano:

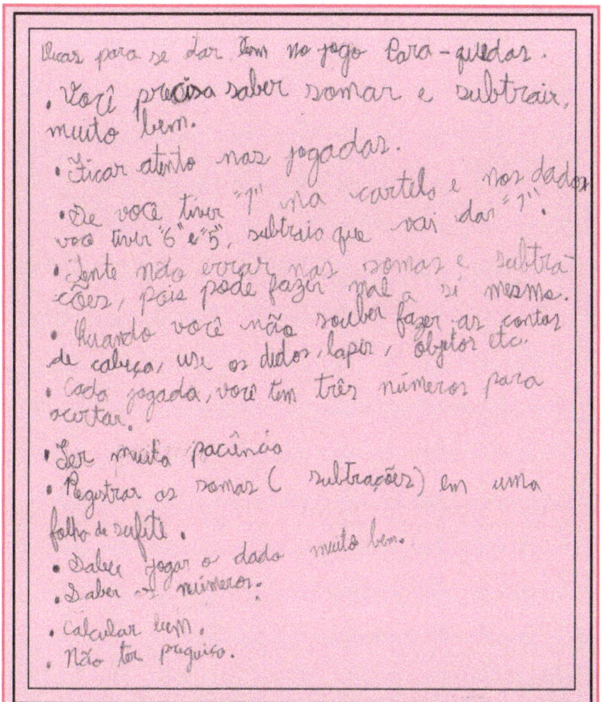

Dicas para se dar bem no jogo Para-quedas.

- Você precisa saber somar e subtrair, muito bem.
- Ficar atento nas jogadas.
- Se você tiver "7" na cartela e nos dados você tiver "6" e "5", subtraio que vai dar "7".
- Tente não errar nas somas e subtrações, pois pode fazer mal a si mesmo.
- Quando você não souber fazer as contas de cabeça, use os dedos, lapis, objetos etc.
- Cada jogada, você tem três números para acertar.
- Ter muita paciência
- Registrar os somas (subtrações) em uma folha de sulfite.
- Saber jogar o dado muito bem.
- Saber os números.
- Calcular bem.
- Não ter preguiça.

Esse texto pode ser retomado em um próximo momento, antes de o jogo ser realizado pelos alunos, para que todos conheçam as dicas dadas. Uma boa estratégia é elaborar uma lista coletiva com todas as dicas e deixá-la na sala para ser consultada antes de se jogar.

Quando as crianças jogarem o *Paraquedas* pela última vez, você pode propor que elas elaborem um texto contando o que aprenderam com o jogo. Veja como ficou o texto elaborado por alunos do 3º ano:

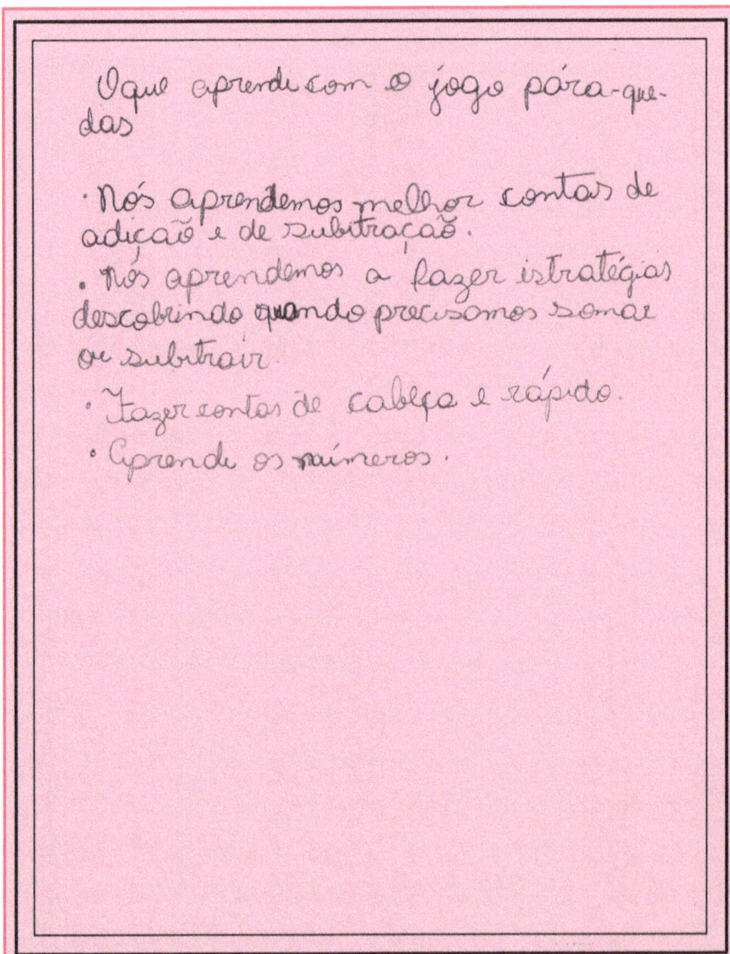
Oque aprendi com o jogo pára-quedas

· Nós aprendemos melhor contas de adiçaõ e de subtraçaõ.
· Nós aprendemos a fazer istratégias descobrindo quando precisamos somar ou subtrair.
· Fazer contas de cabeça e rápido.
· Aprendi os números.

Paraquedas
4 6 11 10 8 3 4 8 3
9 7 6 11 8 5 6 3 9
10 1 11 4 7 9 10 1 5
6 5 4 8 12 10 5 7 4
10 9 3 4 3 9 8 4 11
5 12 4 10 12 5 5 8 7
7 8 3 12 6 7 4 1 12
5 9 1 4 3 4 10 3 9
3 8 5 11 4 10 9 6 11
Ilha do
tesouro

10 Vai-e-Volta

Anos 1º 2º 3º 4º 5º

Este jogo auxilia a reconhecer e nomear números naturais, a ampliar a compreensão do sistema de numeração decimal, a justificar as respostas e o processo de resolução de um problema e a efetuar mentalmente adições e subtrações com múltiplos de 10.

Organização da classe: em duplas

Recursos necessários: um tabuleiro, três dados e um marcador para cada jogador.

Meta: conseguir alcançar a linha de chegada.

ORIENTE SEUS ALUNOS QUANTO ÀS REGRAS

1. Os marcadores são colocados na linha de partida.
2. Os jogadores revezam-se lançando os três dados.
3. Os três números obtidos pelo jogador podem ser somados ou subtraídos em qualquer ordem, como desejar. Por exemplo, se saírem os números 20, 30 e 40, o jogador pode obter os seguintes resultados:

   90 → (20 + 30 + 40)
   10 → (20 + 30 - 40 ou 30 +20 - 40)
   30 → (20 + 40 - 30 ou 40 + 20 - 30 ou 40 - 30 + 20)
   50 → (40 - 20 + 30 ou 40 + 30 - 20 ou 30 + 40 - 20)
   Podemos colocar o marcador sobre o número 90, 10, 30 ou 50.

4. Cada jogador poderá movimentar apenas uma casa em cada jogada, para frente, para trás, para os lados ou em diagonal.
5. Vencerá, o jogador que conseguir alcançar a linha de chegada primeiro.

ALGUMAS EXPLORAÇÕES POSSÍVEIS

- Consulte as sugestões feitas para o jogo *Paraquedas*.
- Esse é um jogo que pode ser explorado muitas vezes pelos alunos de 2º e 3º anos. Não esperamos que em seus registros eles utilizem os parênteses, mas que estimem as respostas e trabalhem com as ideias de adição e subtração.
- Vale sugerir que eles registrem cada etapa do jogo contando como fizeram os cálculos. Esses registros podem ser socializados e utilizados para que os alunos aprendam uns com os outros as diferentes formas de calcular.

VARIAÇÕES DO JOGO

1. Você pode utilizar dados convencionais e um tabuleiro com números variando de 1 a 10.
2. Pode também confeccionar dados com números maiores e aumentar o valor dos números que aparecem no tabuleiro. Por exemplo, podem ser feitos dados com as faces valendo 100, 200, 300, 400, 500 e 600, garantindo que as faces opostas somem 700. O dado ficaria assim:

No tabuleiro, os valores também podem aumentar 10 vezes, ou seja, pode haver um tabuleiro com números variando de 100 a 1000.

TABULEIRO

CHEGADA								
20	90	70	40	60	80	70	50	90
50	40	30	80	90	10	20	50	40
80	70	60	30	50	40	90	20	70
60	20	50	70	80	70	60	40	30
80	70	30	60	40	10	20	50	10
20	40	80	50	90	70	60	80	50
70	30	20	10	50	40	50	70	30
50	80	70	20	80	70	60	90	80
80	40	50	60	70	30	60	50	30
20	80	10	80	100	70	90	40	50
70	50	60	90	40	20	80	10	30
PARTIDA								

DADOS

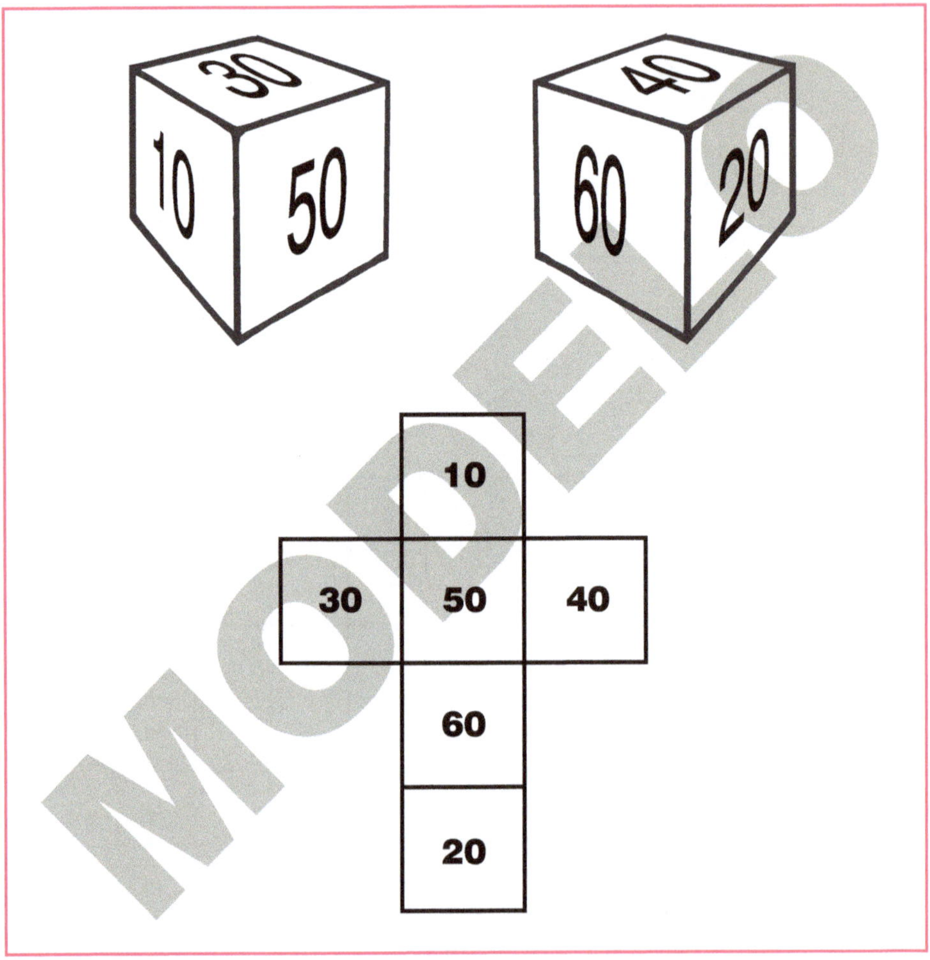

11 Batalha de Operações

Anos 1º 2º 3º 4º 5º

Efetuar subtrações, adições e multiplicações mentalmente, construir os fatos fundamentais da subtração, da adição ou da multiplicação a partir de situações-problema.

Este jogo auxilia o aluno a desenvolver agilidade no cálculo mental, o que consideramos muito importante, visto que os procedimentos de cálculo mental apoiam-se nas propriedades do sistema de numeração decimal e nas propriedades das operações.

Organização da classe: em duplas

Recursos necessários: um jogo de 20 cartas (duas de cada valor), com as cartas sendo múltiplos de 2, 5 ou 10.

Meta: conseguir o maior número de cartas no final do jogo.

ORIENTE SEUS ALUNOS QUANTO ÀS REGRAS

1. Ao iniciar o jogo, combina-se com a classe, ou entre as duplas de jogadores, a operação que será utilizada durante a partida (adição, subtração ou multiplicação).
2. As cartas são embaralhadas e distribuídas aos jogadores, sendo 10 para cada um.
3. Sem olhar, cada jogador forma à sua frente uma pilha com as suas cartas viradas para baixo.
4. A um sinal combinado, os dois jogadores simultaneamente viram as primeiras cartas de suas respectivas pilhas. O jogador que primeiro disser o resultado da subtração, da adição ou da multiplicação entre os números mostrados nas duas cartas fica com elas.

5. Se houver empate (os dois jogadores disserem o resultado simultaneamente), ocorre o que chamamos de "batalha". Cada jogador vira a próxima carta da pilha, e quem disser o resultado da operação primeiro, ganha as quatro cartas acumuladas.
6. O jogo acaba quando as cartas acabarem.
7. O jogador que tiver o maior número de cartas ao final do jogo é o vencedor.

ALGUMAS EXPLORAÇÕES POSSÍVEIS

Você pode seguir as mesmas sugestões dadas para a primeira versão do *Batalha*. Veja um texto escrito por uma criança de 4º ano após jogar *Batalha de operações* pela segunda vez:

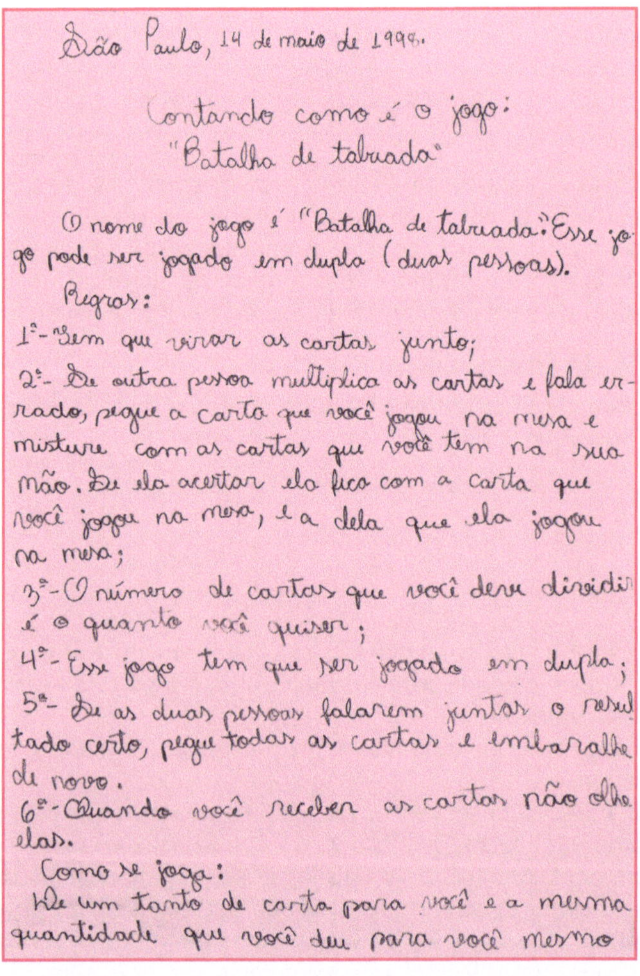

São Paulo, 14 de maio de 1998.

Contando como é o jogo:
"Batalha de tabuada"

O nome do jogo é "Batalha de tabuada". Esse jogo pode ser jogado em dupla (duas pessoas).

Regras:

1º- Tem que virar as cartas junto;

2º- Se outra pessoa multiplica as cartas e fala errado, pegue a carta que você jogou na mesa e misture com as cartas que você tem na sua mão. Se ela acertar ela fica com a carta que você jogou na mesa, e a dela que ela jogou na mesa;

3º- O número de cartas que você deve dividir é o quanto você quiser;

4º- Esse jogo tem que ser jogado em dupla;

5º- Se as duas pessoas falarem juntas o resultado certo, pegue todas as cartas e embaralhe de novo.

6º- Quando você receber as cartas não olhe elas.

Como se joga:

Dê um tanto de carta para você e a mesma quantidade que você deu para você mesmo

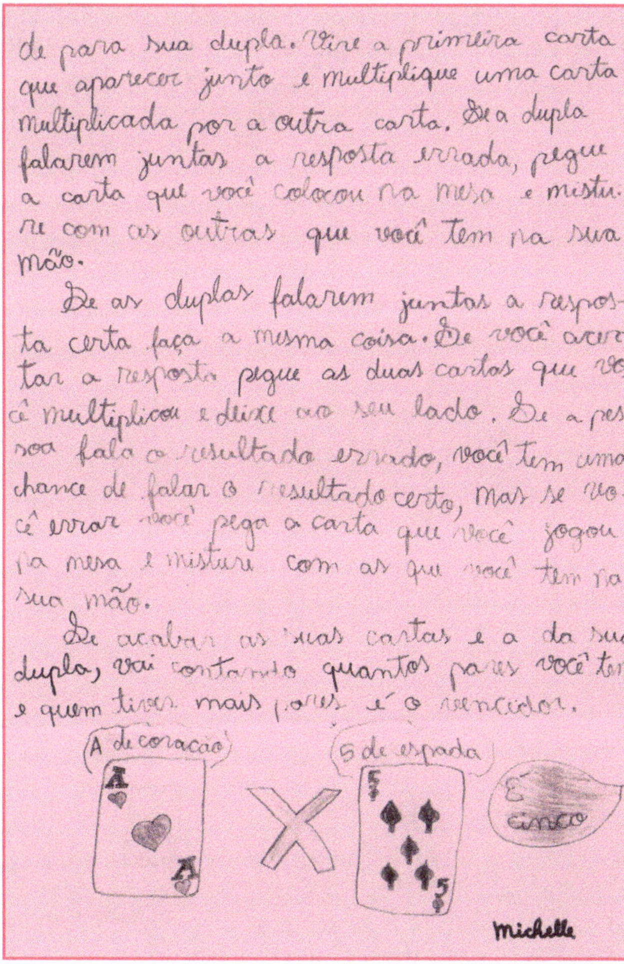
de para sua dupla. Vire a primeira carta que aparecer junto e multiplique uma carta multiplicada por a outra carta. Se a dupla falarem juntas a resposta errada, pegue a carta que você colocou na mesa e misture com as outras que você tem na sua mão.

Se as duplas falarem juntas a resposta certa faça a mesma coisa. Se você acertar a resposta pegue as duas cartas que você multiplicou e deixe ao seu lado. Se a pessoa fala o resultado errado, você tem uma chance de falar o resultado certo, mas se você errar você pega a carta que você jogou na mesa e misture com as que você tem na sua mão.

Se acabar as suas cartas e a da sua dupla, vai contando quantos pares você tem e quem tiver mais pares é o vencedor.

PROBLEMATIZAÇÕES

Após jogar algumas vezes o jogo da Batalha na versão da subtração, é possível propor problemas para o jogo:

- Quando estavam jogando Batalha da subtração, Laurinda virou a carta 10 e José a carta 20. Laurinda ganhou as duas cartas. Qual foi o resultado que ela disse?

- Em uma outra situação, Laurinda virou a carta 15 e José virou uma outra carta. Um deles disse que o resultado da subtração era 30. Qual carta foi virada por José?
- Quando estavam conversando sobre o jogo Batalha da subtração, Laurinda disse para José que havia descoberto dois jeitos diferentes de se chegar ao resultado 10: quando tinha as cartas 15 e 5 ou quando tinha as cartas 25 e 15. José disse que conhecia um outro jeito: quando saiam as cartas 30 e 20. E você, conhece outro jeito? Sugira aos seus alunos que completem a lista abaixo com os números que, quando subtraídos, dão como resultado 10. Se precisar sugira que eles consultem as cartas do jogo:

10
15 - 5 25 - 15 30 - 20

- Proponha que eles façam o mesmo para outros resultados.
- Outra situação interessante é propor aos alunos que completem as lacunas de algumas operações, utilizando o que aprenderam com esse jogo. Por exemplo:

  15 - ______ = 10
  _____ - 20 = 10
  _____ - 10 = 10

Também é importante discutir com os alunos sobre as estratégias que usam para fazer os cálculos durante o jogo e registrar isso em um painel.

Um último comentário a ser feito sobre as variações do *Batalha de operações* diz respeito à elaboração das cartas. Como o objetivo nessa variação é o cálculo mental rápido, e não as técnicas operatórias, é preciso pensar nos números que serão colocados nas cartas. O ideal é que sejam números de 1 a 10, múltiplos de 2, de 5 ou de 10. As regras sofrem pequenas modificações, uma vez que, ao virarem as cartas, fica com elas o jogador que primeiro disser a soma, a diferença ou o produto correto, dependendo da operação que estiver em jogo.

12 Adivinhe a multiplicação

Anos 1º 2º 3º 4º 5º

A memorização e a prática da tabuada são necessárias no trabalho com a multiplicação na escola. No entanto, até mesmo uma proposta que visa à memorização deve ser interessante e desafiadora para o aluno e, nesse sentido, os jogos auxiliam bastante esse processo.

No jogo *Adivinhe a multiplicação*, os alunos aprendem a relacionar os fatores da multiplicação ao produto entre eles, desenvolvem estratégias de cálculo mental e podem refletir melhor a respeito do seu desempenho no conhecimento das tabuadas de multiplicação.

Organização da classe: em trio.

Recursos necessários: todas as cartas do baralho, exceto damas, reis e valetes.

Meta: conseguir juntar o maior número de pares possível.

ORIENTE SEUS ALUNOS QUANTO ÀS REGRAS

Apresentamos as regras desse jogo reescritas por uma aluna. Sugerimos que você apresente o texto aos seus alunos para que eles tentem jogar seguindo a explicação da aluna:

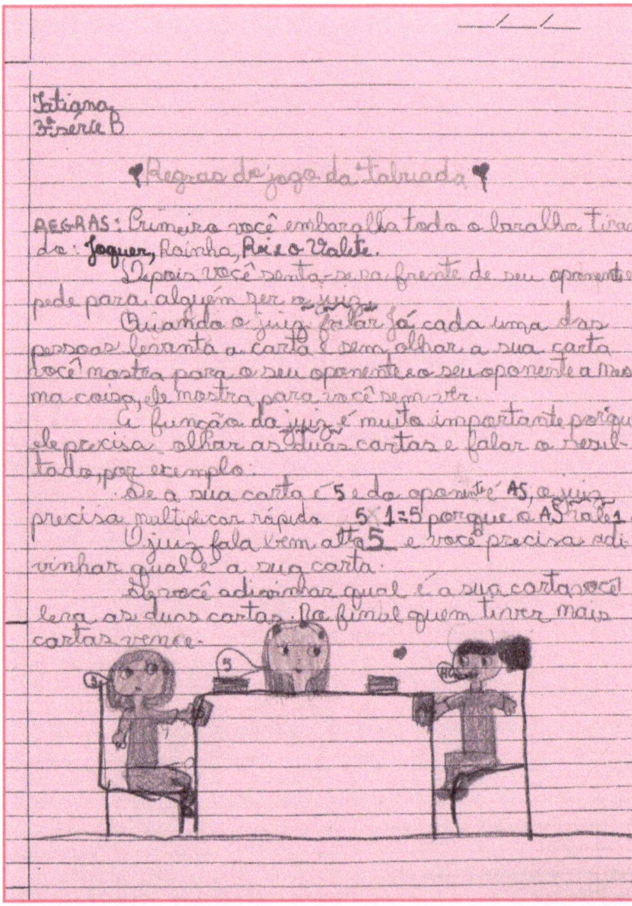

Tatiana
3ª série B

Regras do jogo da Tabuada

REGRAS: Primeiro você embaralha todo o baralho. Tirando: Joquer, Rainha, Rei e o Valete.

Depois você senta-se na frente de seu oponente e pede para alguém ser o juiz.

Quando o juiz falar já cada uma das pessoas levanta a carta e sem olhar a sua carta você mostra para o seu oponente e o seu oponente a mesma coisa, ele mostra para você sem ver.

A função do juiz é muito importante porque ele precisa olhar as duas cartas e falar o resultado, por exemplo:

Se a sua carta é 5 e do oponente é AS, o juiz precisa multiplicar rápido 5 × 1 = 5 porque o AS vale 1.

O juiz fala bem alto 5 e você precisa adivinhar qual é a sua carta.

Se você adivinhar qual é a sua carta você leva as duas cartas. No final quem tiver mais cartas vence.

Quando terminarem, proponha que comentem como foi o jogo, se deu tudo certo, se os trios têm alguma dúvida, etc. Apresente, então, as regras descritas a seguir e peça que comparem com o texto da aluna Tatiana, observando se há algum detalhe importante da regra do qual ela não se lembrou.

ORIENTE SEUS ALUNOS QUANTO ÀS REGRAS:

1. Esse é um jogo para trios, havendo dois jogadores e um juiz. Os alunos decidem quem será o juiz.
2. O juiz embaralha e dá metade das cartas para cada jogador. Nenhum jogador vê as cartas que tem.
3. Os dois jogadores que receberam as cartas sentam-se um em frente ao outro, cada um segurando seu monte de cartas viradas para baixo. O terceiro jogador fica de frente para os dois jogadores, de modo que possa ver o rosto dos dois.
4. A um sinal do juiz, os dois jogadores pegam a carta de cima de seus respectivos montes e falam "Adivinhe", segurando-as perto de seus rostos de maneira que possam ver somente a carta do adversário.
5. O juiz usa os dois números à mostra e diz o produto. Cada jogador tenta deduzir o número de sua própria carta apenas olhando a carta do adversário e conhecendo o produto falado pelo juiz. Por exemplo, um jogador viu um 6, o outro viu um 5 e o produto dito pelo juiz foi 30. O jogador, para levar as duas cartas, deve dizer 6 e 5 ou 5 e 6.
6. O jogador que disser primeiro o número das duas cartas fica com elas.
7. O jogo acaba quando as cartas acabarem.
8. Ganha o jogador que tiver mais pares de cartas no final do jogo.

ALGUMAS EXPLORAÇÕES POSSÍVEIS

Procure propor esse jogo pela primeira vez sem avisar antes os seus alunos. Deixe que eles percebam suas próprias dificuldades com a tabuada, como mostra o texto de um aluno:

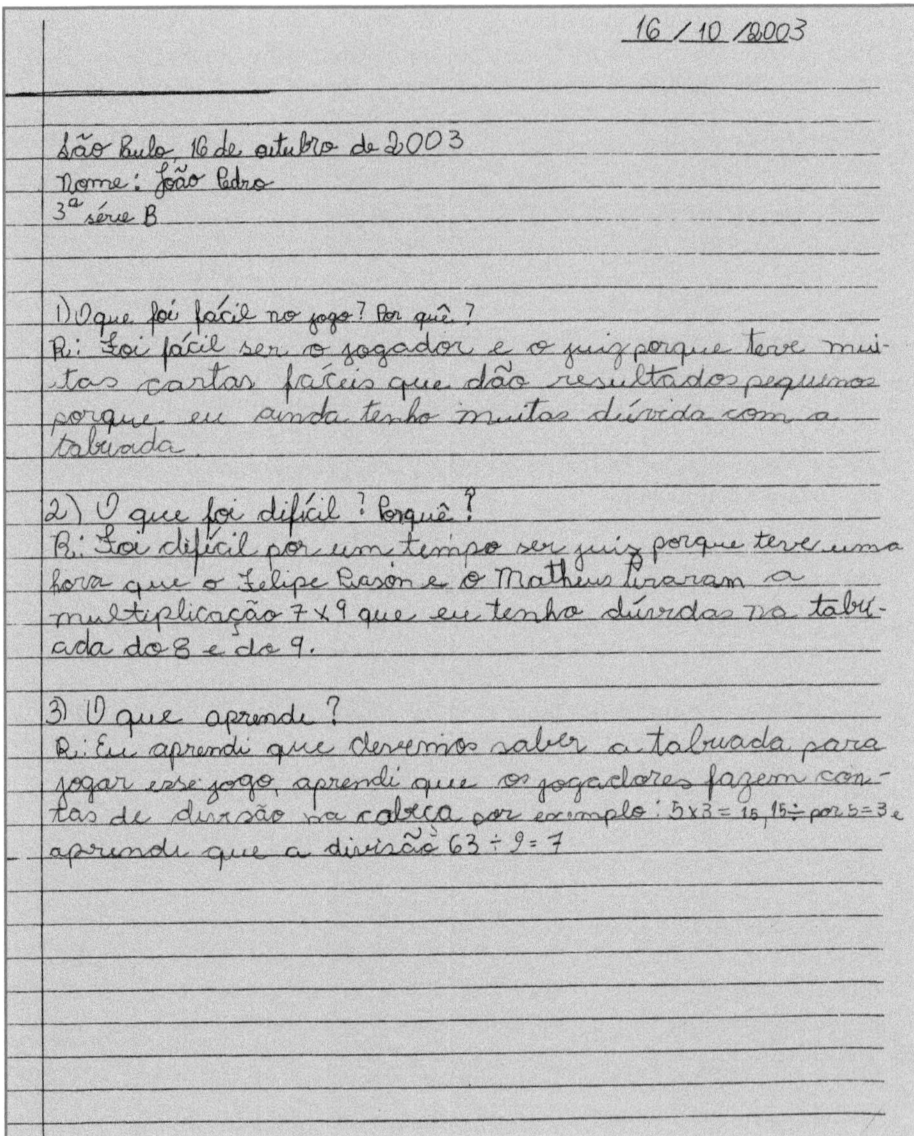

16/10/2003

São Paulo, 16 de outubro de 2003
Nome: João Pedro
3ª série B

1) O que foi fácil no jogo? Por quê?
R: Foi fácil ser o jogador e o juiz porque teve muitas cartas fáceis que dão resultados pequenos porque eu ainda tenho muitas dúvida com a tabuada.

2) O que foi difícil? Porquê?
R: Foi difícil por um tempo ser juiz porque teve uma hora que o Felipe Rasón e o Matheus tiraram a multiplicação 7 × 9 que eu tenho dúvidas na tabuada do 8 e do 9.

3) O que aprendi?
R: Eu aprendi que devemos saber a tabuada para jogar esse jogo, aprendi que os jogadores fazem contas de divisão na cabeça por exemplo: 5 × 3 = 15, 15 ÷ por 5 = 3 e aprendi que a divisão 63 ÷ 9 = 7

Por vezes, nem é preciso propor perguntas para as crianças avaliarem o que sabem. Veja o texto de um aluno sobre esse jogo e observe como ele avalia a si mesmo e aos amigos:

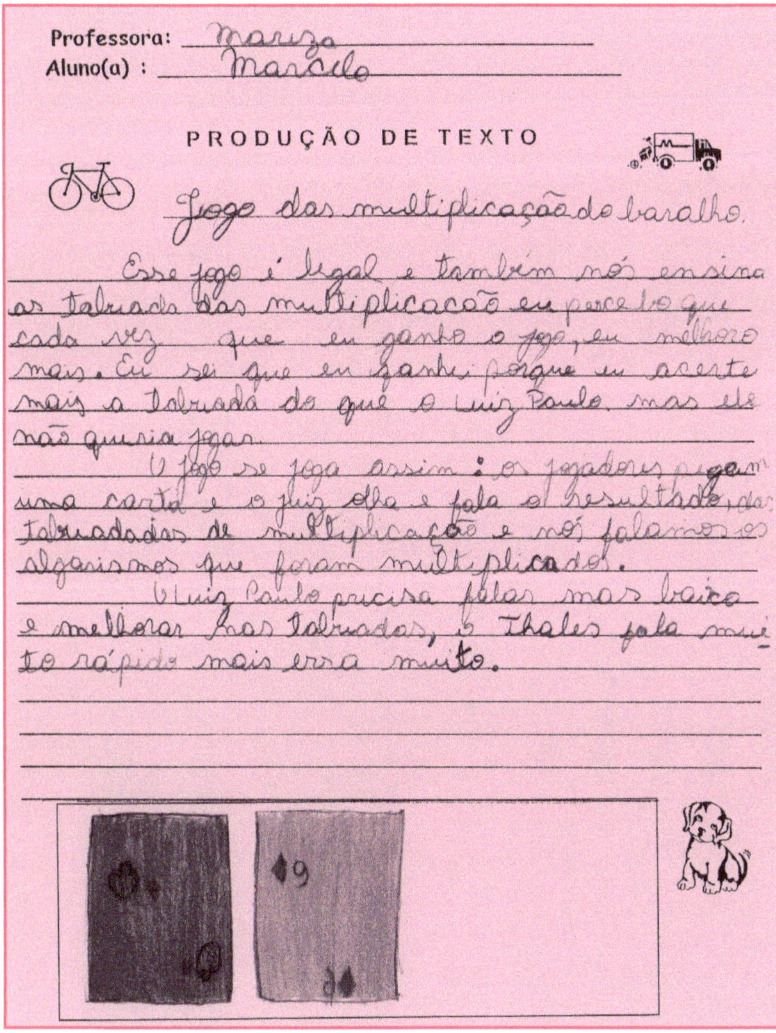
Professora: Mariza
Aluno(a): Marcelo

PRODUÇÃO DE TEXTO

Jogo das multiplicação do baralho.

Esse jogo é legal e também nós ensina as tabuada das multiplicação eu percebo que cada vez que eu ganho o jogo, eu melhoro mais. Eu sei que eu ganhei porque eu acerte mais a tabuada do que o Luiz Paulo, mas ele não queria jogar.

O jogo se joga assim: os jogadores pegam uma carta e o juiz olha e fala o resultado das tabuadadas de multiplicação e nós falamos os algarismos que foram multiplicados.

O Luiz Paulo precisa falar mais baixo e melhorar nas tabuadas, o Thales fala muito rápido mais erra muito.

Antes de propor novamente o jogo, avise aos alunos com um ou dois dias de antecedência. Nesse caso, será normal que eles estudem e se preparem para jogar. Um outro recurso que podemos utilizar é levar a turma a monitorar seu próprio desempenho no jogo. Em uma classe, os alunos anotaram as dificuldades que enfrentaram ao jogar e, depois de tabularem os dados, montaram um gráfico com os dados da classe toda:

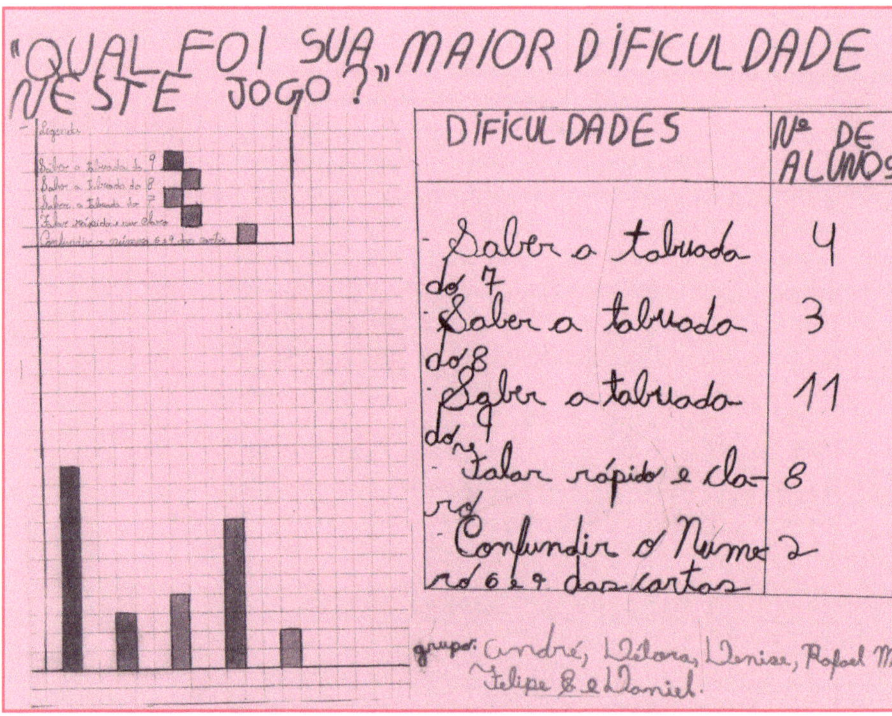

A professora analisou com eles os problemas e fizeram juntos uma discussão sobre como superar as dificuldades percebidas. Primeiro levantaram formas que usavam para estudar e depois fizeram uma lista coletiva de estratégias para estudar as tabuadas.

MARISTA

COLÉGIO MARISTA SANTA MARIA

Como podemos estudar a tabuada?

- A minha mãe toma a tabuada.
- Estudo no jogo de computador da tabuada
- Copio 3 vezes a tabuada.
- Eu estudo no jogo da tabuada.
- A mãe faz no computador e eu respondo
- A minha mãe pergunta e eu respondo

Eu tenho um jogo da tabuada para estudar

- Lendo o livrinho da tabuada
- Olho a resposta e falo a minha mãe pergunta.
- Eu estudo com a fichinha da tabuada
- Eu estudo no livrinho da tabuada.
- Estudo na calculadora.
- Estudo jogando
- Minha mãe fala e eu respondo
- Minha mãe fez cartazes e colou no meu guarda-roupa
- Minha irmã fala e eu respondo.
- Eu estudo lendo
- Eu estudo como a profª faz na sala.
- No carro quando eu venho para a escola eu busco a Letícia e a gente pergunta uma para a outra.
- Eu respondo as tabuadas que a minha mãe escreve.

SUGESTÕES PARA ESTUDAR TABUADAS

Nós discutimos e decidimos experimentar estudar tabuada de um desses jeitos:

- Pedir para a mãe tomar a tabuada
- Fazer uma lista e colocar num lugar que a gente veja sempre: espelho, porta do armário, na escrivaninha, etc.
- Fazer jogos em casa (pode ser um da escola ou do computador)
- Escrever a tabuada algumas vezes
- Estudar com a calculadora
- Estudar com a irmã ou o irmão
- Ler as tabuadas algumas vezes

Essa estratégia permite que os alunos avaliem seu desempenho, tenham consciência do que sabem e do que não sabem e aprendam como fazer para superar um problema que passa a ser, assim, temporário. Por isso, ganham autonomia e confiança em sua própria capacidade de enfrentar desafios.

VARIAÇÕES

1. É possível fazer o mesmo jogo com o 1º e o 2º anos para adição e subtração.
2. Uma variação interessante é usar dez cartas de 1 a 10 e dez cartas com os números 10 e 100, sendo cinco de cada uma, para trabalhar a multiplicação com esses dois fatores.
3. Vale a pena também fazer uma variação semelhante à anterior, mas com dez das cartas numeradas de 10 a 100.

13 Multiplicação na Linha

Anos: 1º 2º 3º 4º 5º

Com este jogo, os alunos desenvolvem estratégias de resolução de problemas, ao mesmo tempo em que compreendem de modo mais aprofundado a multiplicação e a memorização da tabuada.

Organização da classe: em duplas.

Recursos necessários: um tabuleiro, dois dados comuns, nove fichas de uma cor e nove fichas de outra cor.

Meta: ser o primeiro a alinhar três fichas de mesma cor, ou ter o menor número de pontos quando acabarem as fichas a serem colocadas no tabuleiro.

ORIENTE SEUS ALUNOS QUANTO ÀS REGRAS

1. Cada jogador começa com 20 pontos.
2. Os jogadores jogam alternadamente.
3. Cada jogador joga os dados e multiplica os dois números que saírem e anuncia o produto em voz alta. Por exemplo, com os números 2 e 3 o jogador obtém 2 x 3 e, neste caso, cobrirá o espaço marcado com 6 com uma ficha de sua cor.
4. A contagem de pontos é feita da seguinte forma:
   - um ponto é ganho por um jogador quando ele coloca uma ficha num espaço desocupado que seja vizinho (adjacente) a um com uma outra ficha na vertical, horizontal ou diagonal, não importando a cor;

- se colocar uma ficha num espaço adjacente a vários outros, ganha um ponto para cada espaço ocupado. Por exemplo, se os espaços 2, 3 e 25 estiverem ocupados, o jogador que colocar uma ficha sua no 24 ganha 3 pontos;
- cada ponto ganho é subtraído de 20.

5. Se o jogador der o valor da multiplicação errado, o adversário pode acusar o erro, ganhando com isso o direito de colocar sua ficha no tabuleiro.
6. Quem colocar, em seguida, três fichas de sua cor em linha reta (diagonal, horizontal ou vertical) ganha o jogo. Se as fichas acabarem antes que alguém alinhe três fichas, ganha o jogo quem tiver o menor número de pontos.

ALGUMAS EXPLORAÇÕES POSSÍVEIS

- Peça para os alunos registrarem as operações que fizeram.
- Sugira que, enquanto jogam, observem em quais tabuadas têm mais dificuldade e que anotem isso. Combine que eles terão uma semana para estudar essas tabuadas e que o jogo será proposto novamente para que todos avaliem o seu desempenho após o estudo.
- Você pode adaptar o jogo para tabuadas maiores, para adição, para duas operações ou, como na versão mais elaborada, para as quatro operações fundamentais.

PROBLEMATIZAÇÕES

- Por que não aparece o 13? E o 28? Como deveriam ser os dados para que esses produtos aparecessem?
- Por que o maior produto é 36?
- Quando lançamos dois dados, quais são os produtos que podem aparecer?
- Júlio quer marcar o 18. Quais números ele precisa tirar nos dados?
- Paulina disse que, cada vez que deseja marcar um número terminado em 0 ou 5, um dos números que precisa sair nos dados deve ser o 5. Você concorda com ela? Por quê?
- Como poderíamos modificar os dados do jogo para termos outros produtos no tabuleiro?

Nessa última problematização, vale a pena discutir as possibilidades e construir os dados e os tabuleiros modificados para que os alunos utilizem seus próprios jogos.

TABULEIRO PARA O JOGO MULTIPLICAÇÃO NA LINHA

36	1	6	5	8	15
3	25	4	30	16	10
24	2	20	2	8	9

14 Contando Pontos

Anos: 1º 2º 3º 4º 5º

Este jogo auxilia o aluno a desenvolver o cálculo mental, a estimativa e a compreensão da noção de intervalos na sequência numérica.

Organização da classe: em duplas ou trios.

Recursos necessários: um quadro de números, uma caixa de pontos para cada grupo e, fichas para cobrir os números escolhidos.

Meta: conseguir o maior número de pontos ao final de cinco jogadas.

ORIENTE SEUS ALUNOS QUANTO ÀS REGRAS

1. Após decidir quem começa, os jogadores alternam-se nas jogadas.
2. Proponha aos alunos que observem o quadro com os números que podem ser usados.
3. Cada jogador, na sua vez, escolhe dois números diferentes do quadro (que não poderão mais ser escolhidos por outro jogador) e faz a opção por somá-los ou subtraí-los. Informa seu oponente que operação deseja fazer e diz qual o resultado da operação, que deve ser feita mentalmente.
4. Se ele estiver correto, verifica em que caixa de pontos está o resultado da operação feita e marca os pontos obtidos.

5. A cada jogada, os números escolhidos pelos jogadores devem ser escondidos por fichas ou outro tipo de marcador.
6. Se o jogador efetuar a operação de forma errada, ele perde a vez de jogar.
7. Depois de cinco jogadas para cada jogador, ganha o que tiver o maior total de pontos.

UMA VARIAÇÃO POSSÍVEL PARA ALUNOS A PARTIR DO 5º ANO

- Cada jogador, na sua vez, escolhe um dos números do quadro (que não poderá mais ser escolhido por outro jogador) e faz a opção de multiplicá-lo por 10, 100 ou 1.000.
- Decide em que caixa de pontos está o resultado da divisão e marca os pontos obtidos.
- Cada jogador deve escolher pelo menos uma vez cada um dos divisores 10, 100 ou 1.000.
- Depois de cinco jogadas para cada jogador, ganha o que tiver o maior total de pontos.

ALGUMAS EXPLORAÇÕES POSSÍVEIS A PARTIR DA VARIAÇÃO

Na versão mais simples, envolvendo adição e subtração, você pode encaminhar para que os alunos compreendam diferentes estratégias de cálculo.

Na versão mais difícil, também é possível prever alguns questionamentos.

Proponha aos seus alunos que joguem umas três vezes e depois resolvam as seguintes questões:

- Um aluno multiplicou 9,7 por 100. Quantos pontos ele ganhou?
- Em uma jogada, um aluno escolheu o número 0,004 e ganhou 5 pontos. Que número ele escolheu para multiplicar 0,004?
- Um outro aluno escolheu o número 0,023 e multiplicou-o por 10, dizendo que o resultado era 2,3. Ele ganhou pontos? Por quê?

QUADRO DE NÚMEROS PARA O JOGO CONTANDO PONTOS

15		80		120			560		700
	345		75		140	125		780	
40		130	10		70		550		
400	65		90	300		450	85		70
5	780		900		25	55		105	60
35		85		870		505		960	

CAIXA DE PONTOS PARA O RESULTADO R

1 ponto	5 pontos	10 pontos	5 pontos	1 ponto
R menor que 100	R entre 101 e 200	R entre 201 e 300	R entre 301 e 400	R maior que 401

QUADRO DE NÚMEROS PARA O JOGO CONTANDO PONTOS – VARIAÇÃO

2,4		9,7		0,145			6,51		165,000
	4,75		67		239			1,236	
453,32		420,000		0,004		0,03			9,9
		4	6,12		0,005		6,078		0,12
	12,88					41			0,023
0,054		2,506		8,109		0,009		110,54	

CAIXA DE PONTOS PARA O RESULTADO R – VARIAÇÃO

1 ponto $R < 0{,}01$	5 pontos $1 < R < 0{,}01$	10 pontos $0{,}1 < R < 1$	5 pontos $0{,}01 < R < 0{,}1$	1 ponto $R > 0{,}01$

15 Bingo do Resto

Este jogo auxilia o aluno a realizar a operação de divisão, utilizando o cálculo mental e a técnica operatória, se necessário. Permite ainda que desenvolva um vocabulário relativo à operação de divisão e que relacione as operações entre si.

Organização da classe: em duplas.

Recursos necessários: 26 fichas, sendo 13 de uma cor e 13 de outra cor e 2 dados.

Meta: conseguir colocar quatro das suas fichas na posição horizontal, vertical ou diagonal.

ORIENTE SEUS ALUNOS QUANTO ÀS REGRAS

1. Para começar, os jogadores rolam os dados. O jogador que conseguir o número mais alto inicia a partida.
2. O jogador que começa joga os dados e forma uma divisão usando os números que aparecerem nos dados. O menor número é o resto e o maior número é o divisor. Por exemplo: saindo 2 e 5 nos dados, teremos 2 no resto e 5 no divisor:

3. O jogador, então, tenta encontrar um número no tabuleiro do jogo que poderia representar o dividendo na divisão, usando aqueles números. Se encontrar, cobre o número no tabuleiro com uma de suas fichas. No exemplo, os números 7, 27, 32 ou 57 poderiam ser cobertos.

Se os dois números dos dados forem os mesmos, então o resto é considerado zero. Por exemplo, 0 no resto e 3 no divisor:

	3
0	

Os números 36, 21, 48, 27, 39, 15, 30 ou 57 poderiam ser cobertos.

4. Se um número é coberto, ele não pode ser usado outra vez.
5. O jogo acaba quando alguém alinhar quatro de suas fichas, ou quando ninguém mais conseguir colocar quatro em linha, e o jogador com o maior número de colunas com três fichas suas é o vencedor.

ALGUMAS EXPLORAÇÕES POSSÍVEIS

Depois que seus alunos já tiverem realizado esse jogo pelo menos duas vezes, você pode propor o preenchimento de uma tabela que auxilia na compreensão das relações entre resto, divisor e dividendo. Por exemplo, pensando no jogo *Bingo do resto*, preencha a tabela:

Resto	Divisor	Possíveis dividendos do tabuleiro
2	5	
	5	36
2	3	
3		55
4	6	

OUTROS PROBLEMAS

- Em uma jogada, o dado com valor maior marcou 3 e o número marcado no tabuleiro foi 38. O que saiu no outro dado?
- Por que há uma regra que diz que, se os dois dados tiverem o mesmo valor, o resto passa a ser zero?
- Por que o dado de valor maior é do divisor e o de valor menor é do resto? Poderia ser ao contrário?

CARTELA PARA O JOGO BINGO DO RESTO

Versão para números menores

7	16	22	36	26
21	33	64	56	48
38	27	71	11	39
19	15	28	32	30
55	14	29	57	31

Versão para números maiores

25	90	54	30	35	81	36
56	45	49	42	72	40	80
100	64	50	48	63	70	60

16 Trilha da Divisão

Anos: 1º 2º 3º 4º 5º

Este jogo auxilia o aluno a desenvolver estratégias de cálculo mental para a resolução de operações de divisão e a reconhecer em quais situações teremos ou não resto e qual é o resto em cada uma das divisões.

Organização da classe: em duplas.

Recursos necessários: um tabuleiro para a trilha e cartas com as seguintes divisões:

14 ÷ 7	20 ÷ 5	36 ÷ 6	16 ÷ 2	55 ÷ 9	24 ÷ 7
43 ÷ 6	64 ÷ 9	74 ÷ 8	83 ÷9	33 ÷ 4	50 ÷ 8
14 ÷ 3	27 ÷ 8	48 ÷ 9	59 ÷ 7	19 ÷ 4	20 ÷ 3

Meta: ser o primeiro a chegar à saída, seguindo pela trilha do tabuleiro.

ORIENTE SEUS ALUNOS QUANTO ÀS REGRAS

1. Embaralhe as cartas com as faces voltadas para baixo.
2. Cada jogador sorteia uma carta na sua vez, resolve a divisão e recoloca a carta no monte.
3. O jogador avança na trilha casa a casa a partir do resto das divisões que fizer. Se um jogador cair na mesma casa que seu oponente, ele deve voltar duas casas. Se o resto for zero, fica onde está até sortear uma carta que lhe permita avançar.

ALGUMAS EXPLORAÇÕES POSSÍVEIS

- Em quais situações temos resto zero? Por que isso acontece? Dê outros exemplos de divisão nas quais o resto seja zero. Proponha o mesmo questionamento para resto 1, 2, 3 e ajude-os a observar que é possível estimar o possível resto em cada divisão.
- Gisele, quando estava jogando *Trilha da divisão*, disse que sabia que o resto da divisão 36 ÷ 6 era zero, porque 6 x 6 = 36. E, se tivéssemos 37 ÷ 6, qual seria o resto? Proponha aos alunos que aproveitem essa dica de Gisele para resolver as próximas operações:

  28 ÷ 9 =
  50 ÷ 7 =
  26 ÷ 5 =
  65 ÷ 8 =

- Pergunte se eles conseguem encontrar outras situações como essas.
- Esse é um bom jogo para propor aos alunos que elaborem um texto contando suas aprendizagens. Veja um texto elaborado por uma aluna:

O que eu aprendi com o jogo Trilha da divisão

Eu joguei esse jogo 3 vezes. Ele me ajudou a aprender mais sobre a divisão.

Eu aprendi que as divisões por 3, 4, 8 e 9 não dão resto zero, veja só:

44 ÷ 3 resto 2	50 ÷ 8 resto 2	55 ÷ 9 resto 1
20 ÷ 5 resto 2	27 ÷ 8 resto 3	64 ÷ 9 resto 1
33 ÷ 4 resto 1	74 ÷ 8 resto 2	83 ÷ 9 resto 2
49 ÷ 4 resto 3		48 ÷ 9 resto 3

Aprendi a estimar o resto de uma divisão sem precisar fazer a conta. Eu penso assim:

Na divisão 50 – 8, por exemplo, eu já sei que nos resultados da Tabuada do 8 não tem 50, mas sei que tem 48 que é o resultado mais próximo de 50. Pronto descobri que o resto é 2.

Eu fiz a mesma coisa para as outras divisões que têm resto.

Bom foi ótimo o que eu aprendi.

Bárbara.

Você pode apresentá-lo aos seus alunos e discutir ou comparar com o texto que eles elaboraram. Proponha que observem se fizeram descobertas em comum com as de Bárbara, se há alguma que não fizeram, etc.

CARTAS PARA O JOGO TRILHA DA DIVISÃO

14 ÷ 7	20 ÷ 5	36 ÷ 6	16 ÷ 2	55 ÷ 9	24 ÷ 7
43 ÷ 6	64 ÷ 9	74 ÷ 8	83 ÷ 9	33 ÷ 4	50 ÷ 8
14 ÷ 3	27 ÷ 8	48 ÷ 9	59 ÷ 7	19 ÷ 4	20 ÷ 3

TRILHA DA DIVISÃO

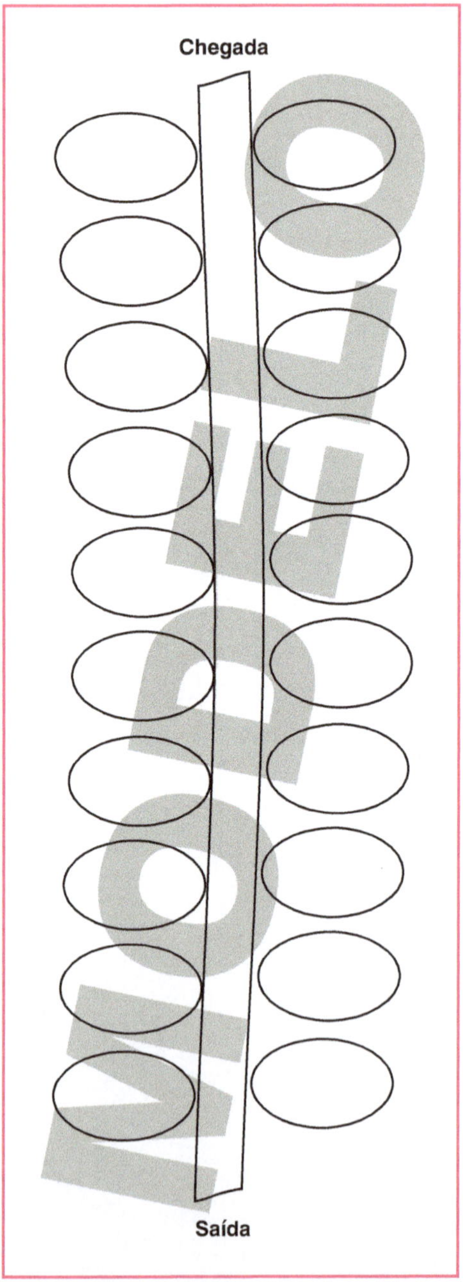

17 Maior Quociente*

Este jogo auxilia os alunos a estimar a ordem de grandeza de um quociente e a refletir sobre o que garante que o quociente de uma divisão seja maior ou menor.

Organização da classe: em trios ou quartetos.

Recursos necessários: um baralho (sem as cartas do 10 e das figuras), lápis e papel para cada jogador. O Ás representará o 1, e o coringa, o zero. Uma folha de papel com um esquema da divisão como o abaixo para cada jogador:

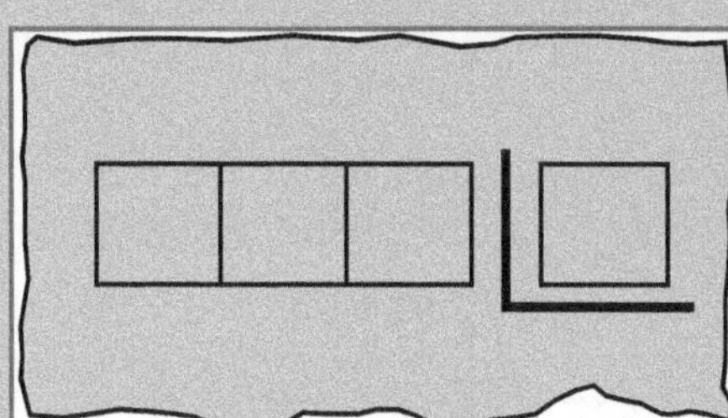

Meta: conseguir obter o maior quociente em cada rodada.

*Adaptado de Stienecker, D.L. *Divisão: problemas, jogos e enigmas.* São Paulo: Moderna, 1998.

ORIENTE SEUS ALUNOS QUANTO ÀS REGRAS

1. Embaralhe as cartas e coloque-as com a face para baixo.
2. Cada jogador, na sua vez, pega uma carta e lê o número em voz alta. Lembre que ases valem 1 e coringas valem zero.
3. Cada jogador escreve o número em qualquer quadrícula de seu esquema, que poderia ficar assim, depois do sorteio das cartas 3 e 8.

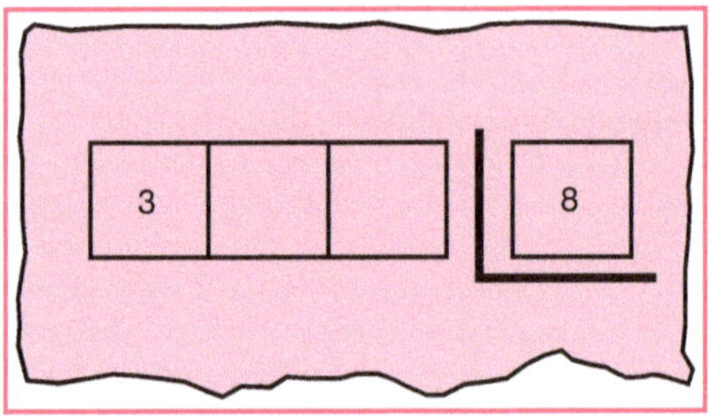

4. Depois que quatro cartas tenham sido retiradas, cada jogador terá uma divisão com um algarismo no divisor e três no dividendo.
5. Cada jogador efetua sua divisão. Ganha o jogo quem obtiver o maior quociente.

ALGUMAS EXPLORAÇÕES POSSÍVEIS

- Você pode propor aos seus alunos que, após terem jogado algumas vezes, escrevam uma lista com as suas aprendizagens.
- Proponha problemas que simulem uma situação do jogo. Veja um exemplo:

Quando estavam jogando, o grupo de Érica sorteou as cartas 6, 9, 5 e 4. Apareceram as seguintes soluções:

José	Maria	Clara
965 ÷ 4	456 ÷ 9	649 ÷ 5

Qual solução terá o maior quociente? Por quê? Resolva para conferir a sua resposta.

- Esse jogo permite que se façam algumas explorações a partir da relação entre os termos da divisão. Por exemplo:

  Em toda divisão, o dividendo é igual à soma do resto com o produto do divisor pelo quociente, isto é: dividendo = divisor x quociente + resto.

Proponha aos seus alunos que, em uma situação de jogo, completem a tabela a seguir com as operações que armaram a partir das cartas sorteadas e usem, se julgarem necessário, o que aprenderam sobre a relação entre os termos da divisão:

Dividendo	Divisor	Resto	Quociente

VARIAÇÕES DO JOGO

1. Depois que todos efetuarem suas divisões, dê-lhes 60 segundos para rearranjar os algarismos e obter um quociente maior. Pergunte ao seus alunos qual é o segredo.
2. Uma forma diferente de jogar é juntar outro algarismo ao divisor ou ao dividendo. Nesse caso, em vez de quatro, sorteie cinco cartas.

18 Papa-Todas de Fração

Anos: 1º 2º 3º 4º 5º

Auxilia os alunos a compreender o conceito de fração, a comparar frações com diferentes denominadores, a ter noção de equivalência de frações, a fazer leitura e representação de frações, a efetuar a resolução de problemas que envolvam frações e a realizar cálculo mental com frações.

Organização da classe: grupos de quatro a cinco alunos (não sugerimos duplas porque o jogo perde o sentido de desafio).

Recursos necessários: um baralho de frações com 32 cartas e uma tabela com tiras de frações.

Meta: conseguir o maior número de cartas.

ORIENTE SEUS ALUNOS QUANTO ÀS REGRAS

1. Todas as cartas do baralho são distribuídas entre os jogadores, que não veem suas cartas. Cada jogador coloca suas cartas em uma pilha com os números virados para baixo.
2. A tabela com as tiras de fração é colocada no centro da mesa, de modo que todos a vejam.

3. Os jogadores combinam entre si um sinal ou uma palavra. Dado o sinal, todos os jogadores viram a carta de cima de sua pilha ao mesmo tempo e comparam as frações. O jogador que tiver a carta representando a maior fração vence a rodada e fica com todas as cartas, ou seja, "papa-todas".
4. A tabela de tiras de frações pode ser usada, se necessário, para que as comparações sejam feitas.
5. Se houver duas cartas de mesmo valor, todas as cartas ficam na mesa e, na próxima rodada, o jogador com a maior carta "papa-todas", inclusive aquelas que estão na mesa.
6. O jogo termina quando as cartas acabarem.
7. O jogador com o maior número de cartas vence o jogo.

ALGUMAS EXPLORAÇÕES POSSÍVEIS

Proponha o jogo *Papa-todas de fração* para seus alunos ao longo de quatro semanas, uma vez por semana para que possam aprender como jogar e desenvolver os conceitos.

Sugerimos que você não ensine regras para comparar frações, mas deixe que os alunos utilizem as réguas de fração para isso.

Ajude os alunos a explicitarem suas estratégias, propondo que:

- Expliquem como podem decidir qual é a maior fração.
- Identifiquem quais frações são iguais a 1.
- Deem exemplos de frações maiores do que 1 e menores do que 1. Repetir para1/2.

ALGUNS PROBLEMAS A PARTIR DO JOGO

Sugerimos que os problemas sejam propostos após os alunos já terem jogado ao menos duas vezes:

1. Em uma rodada, Bárbara tirou 1/5, Guilherme tirou 4/8, Olga tirou 3/3 e Bruna 5/10. Quem ganhou o jogo? Como você sabe?
2. Helena tirou 1/2, Ellen tirou 4/8, Pedro tirou 7/7 e Aline ganhou a partida. Qual carta ela pode ter tirado?

Procure observar que há aqui um problema com mais de uma solução possível.

3. Júlia virou 2/4, Flávio tirou 4/8, Beto 3/6 e Otávio tirou 1/3. Quem venceu a partida?

Jogador	1ª rodada	2ª rodada	3ª rodada	4ª rodada
Júlia	$\frac{2}{4}$	$\frac{1}{2}$	$\frac{8}{6}$	$\frac{7}{3}$
Paulo	$\frac{10}{10}$	$\frac{1}{4}$	$\frac{3}{6}$	$\frac{4}{10}$
Luís	$\frac{4}{4}$	$\frac{1}{3}$	$\frac{6}{8}$	$\frac{3}{9}$
Bia	$\frac{1}{5}$	$\frac{1}{10}$	$\frac{2}{8}$	$\frac{3}{2}$

4. Durante o jogo, os alunos organizaram uma tabela com as frações que cada um tirou. Quem ganhou o jogo após quatro rodadas?
5. Quais as cartas que contêm frações equivalentes a 1 inteiro? E maiores do que 1 inteiro?
6. Em um rodada, Paulo, Ana e Renato tiraram as seguintes cartas: 1/2, 4/8 e 3/6. Eles começaram a discutir sobre quem conseguiu a maior carta. Se você estivesse nessa discussão, como os ajudaria a tomar a decisão sobre qual das três é a maior carta?
7. Use a tabela com as barras de fração e compare as semelhanças e as diferenças entre os seguintes pares de fração:
   - $\frac{3}{6}$ e $\frac{6}{3}$
   - $\frac{3}{7}$ e $\frac{7}{3}$
   - $\frac{8}{6}$ e $\frac{6}{8}$

Veja algumas respostas das crianças a problemas a partir desse jogo:

- Semelhanças e diferenças entre $\frac{3}{6}$ e $\frac{6}{3}$:

Semelhanças	**Diferenças**
- *Têm os mesmos números*	- *Um inverte o outro* - *Um é 6 partes de 3 e o outro é 3 partes de 6.* - *Que é maior* $\frac{6}{3}$ *do que* $\frac{3}{6}$ - $\frac{3}{6}$ *não é do mesmo tamanho que* $\frac{6}{3}$ - *Um 6 tá em cima e outro 6 tá em baixo*

- Analisando a tabela:

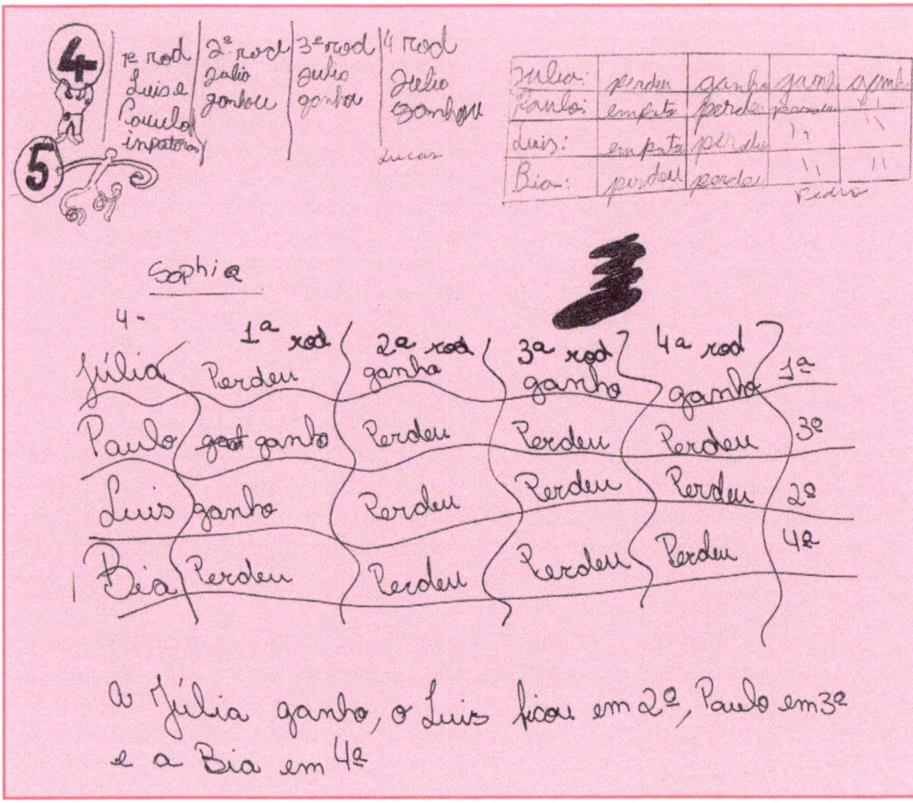

◆ Veja alguns textos dos alunos explicando o que aprenderam:

> Através do jogo nós aprendemos a comparar frações, existe também outros possibilidades de representar uma fração com outros números.
> ex: $\frac{2}{3} = \frac{4}{6}$ também é igual a $\frac{6}{9}$

> Resumo. Através
> do jogo melhoram
> mos a entender a fração
> que ficou muito
> mais facil de
> entender a fração
> e aprendemos a
> comparar a
> fração
>
> Alessandra e
> Gabriel

◆ Modificações nas regras:

Regras do jogo

*. Nosso propósito é o seguinte, uma pessoa do grupo vai lançar uma carta. Os outros jogadores cada um na sua vez, vão jogar outra carta que se aproxime mais da carta posta na mesa pelo primeiro jogador. Quem se aproximar mais ganha um par. E assim por diante, no sentido horário cada jogador dará seu lance.

Nossa opinião

* Gostamos desse jogo, e gostamos muito do jogo que criamos. Pois ele é um estilo novo e educativo, vindo de nós. E é um bom jogo de raciocínio.

PAPA-TUDO

Ao invés de ser o maior que vence, é o menor.

CARTAS PARA O JOGO PAPA-TODAS DE FRAÇÃO

$\frac{3}{7}$	$\frac{5}{4}$	$\frac{3}{6}$	$\frac{2}{6}$	$\frac{5}{3}$	$\frac{5}{3}$	$\frac{1}{2}$	
$\frac{2}{4}$	$\frac{4}{10}$	$\frac{1}{5}$	$\frac{4}{8}$	$\frac{5}{10}$	$\frac{1}{4}$	$\frac{6}{8}$	$\frac{1}{3}$
$\frac{6}{9}$	$\frac{10}{10}$	$\frac{6}{3}$	$\frac{7}{7}$	$\frac{3}{3}$	$\frac{2}{8}$	$\frac{3}{4}$	$\frac{1}{10}$
$\frac{2}{5}$	$\frac{7}{3}$	$\frac{4}{4}$	$\frac{3}{9}$	$\frac{3}{2}$	$\frac{5}{10}$	$\frac{1}{7}$	$\frac{8}{6}$

RÉGUA PARA CONSULTA DO JOGO PAPA-TODAS DE FRAÇÃO

1 inteiro

$\frac{1}{2}$ $\frac{1}{2}$

$\frac{1}{3}$ $\frac{1}{3}$ $\frac{1}{3}$

$\frac{1}{4}$ $\frac{1}{4}$ $\frac{1}{4}$ $\frac{1}{4}$

$\frac{1}{5}$ $\frac{1}{5}$ $\frac{1}{5}$ $\frac{1}{5}$ $\frac{1}{5}$

$\frac{1}{6}$ $\frac{1}{6}$ $\frac{1}{6}$ $\frac{1}{6}$ $\frac{1}{6}$ $\frac{1}{6}$

$\frac{1}{7}$ $\frac{1}{7}$ $\frac{1}{7}$ $\frac{1}{7}$ $\frac{1}{7}$ $\frac{1}{7}$ $\frac{1}{7}$

$\frac{1}{8}$ $\frac{1}{8}$ $\frac{1}{8}$ $\frac{1}{8}$ $\frac{1}{8}$ $\frac{1}{8}$ $\frac{1}{8}$ $\frac{1}{8}$

$\frac{1}{9}$ $\frac{1}{9}$ $\frac{1}{9}$ $\frac{1}{9}$ $\frac{1}{9}$ $\frac{1}{9}$ $\frac{1}{9}$ $\frac{1}{9}$ $\frac{1}{9}$

$\frac{1}{10}$ $\frac{1}{10}$ $\frac{1}{10}$ $\frac{1}{10}$ $\frac{1}{10}$ $\frac{1}{10}$ $\frac{1}{10}$ $\frac{1}{10}$ $\frac{1}{10}$ $\frac{1}{10}$

$\frac{1}{16}$ $\frac{1}{16}$ $\frac{1}{16}$ $\frac{1}{16}$ $\frac{1}{16}$ $\frac{1}{16}$ $\frac{1}{16}$ $\frac{1}{16}$ $\frac{1}{16}$ $\frac{1}{16}$ $\frac{1}{16}$ $\frac{1}{16}$ $\frac{1}{16}$ $\frac{1}{16}$ $\frac{1}{16}$ $\frac{1}{16}$

19 Dominó de Frações

Esse jogo favorece a compreensão das diferentes representações de frações.

Organização da classe: quartetos.

Recursos necessários: as peças do dominó de frações.

Meta: ser o primeiro a descartar todas as suas peças.

ORIENTE SEUS ALUNOS QUANTO ÀS REGRAS

1. Os jogadores decidem a ordem e quem começa a jogar.
2. Embaralham as cartas e distribuem igualmente entre os jogadores
3. O primeiro jogador coloca um de seus dominós sobre a mesa.
4. O segundo jogador deve colocar uma peça que tenha uma das “pontas” igual a das peça já colocadas na mesa. Se não tiver uma, passa a vez.
5. Vence o jogo aquele jogador que conseguir bater, ou seja, colocar todos os seus dominós na mesa em 1º lugar.

Após jogar esse jogo resolva os problemas:

1. Veja como estava o jogo na vez de Olga jogar:

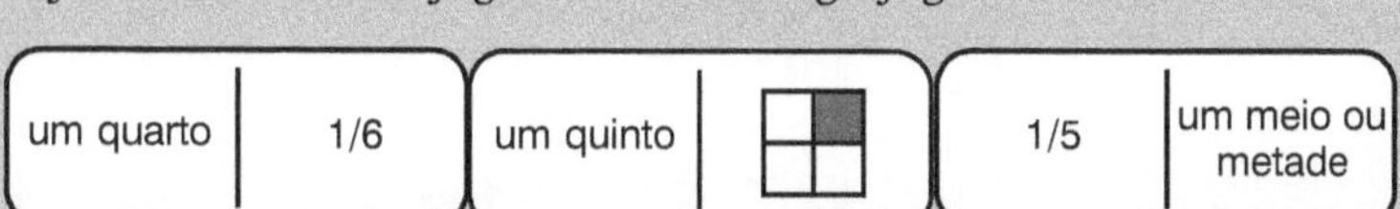

Olga tinha essas peças:

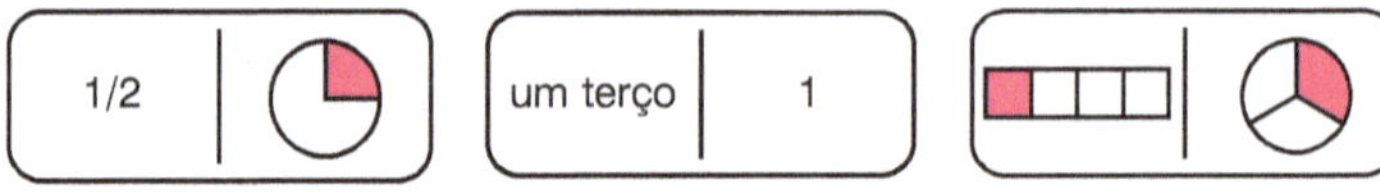

Ela pode jogar ou passa a vez?

2. Desenhe as peças que podem ser usadas se a primeira peça do jogo for essa:

3. Descubras as peças que têm uma das "pontas" representando 1/3. Registre
4. Quantas peças têm uma "ponta" representando o inteiro? Quais são elas?
5. Leve o Dominó de fração para casa e jogue com alguém de sua família. Peça para que essa pessoa escreva um bilhete contando como foi sua participação no jogo

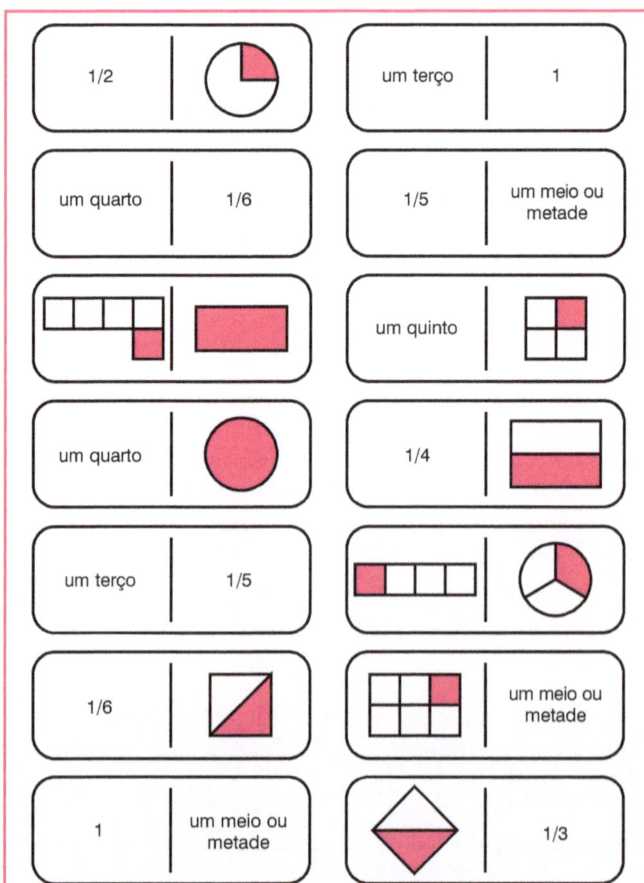

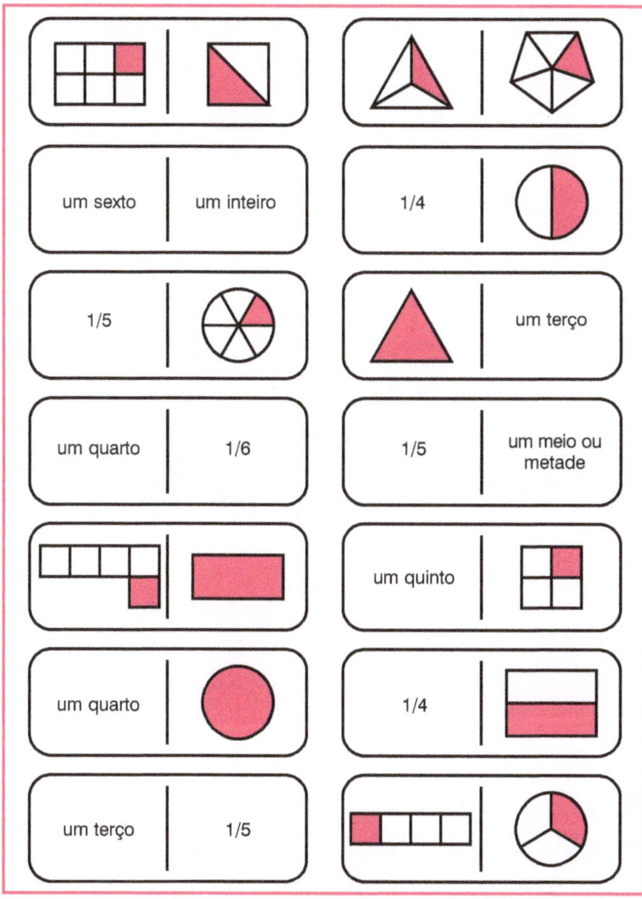
um sexto
um inteiro
1/4
1/5
um terço
um quarto
1/6
1/5
um meio ou metade
um quinto
um quarto
1/4
um terço
1/5

20 Fração na Linha

Anos 1º 2º 3º 4º 5º

Este jogo auxilia os alunos a trabalharem com mais habilidade seu conhecimento quanto à equivalência de frações e a desenvolver um vocabulário relativo às frações.

Organização da classe: em duplas.

Recursos necessários: um tabuleiro com a marcação das frações, 16 fichas, sendo 8 de uma cor e 8 de outra e 2 dados.

Meta: conseguir colocar três das suas fichas alinhadas na posição vertical, horizontal ou diagonal, sem a interferência de uma ficha do adversário.

ORIENTE SEUS ALUNOS QUANTO ÀS REGRAS

Sugerimos que as regras não sejam contadas para os alunos de imediato, mas que se proponha a eles que, olhando para o tabuleiro e o material, tentem descobrir como é esse jogo. Depois de discutir com a turma que experimentou a regra sugerida, você pode então apresentar as regras para a classe.

1. Organizam-se as duplas.
2. Cada dupla recebe um tabuleiro, 16 fichas e 2 dados.
3. As duplas decidem quem inicia o jogo.
4. O primeiro a jogar lança os dois dados.
5. Com os números que aparecerem nos dados lançados, o jogador monta uma fração, sabendo que o número menor será o numerador e o maior o denominador. Por exemplo, se sair 1 e 6 nos dados, ele monta 1/6 e escolhe uma representação no tabuleiro que seja equivalente àquela.

6. O adversário segue o mesmo procedimento.
7. Se o jogador formar uma fração que tenha todas as suas equivalências já marcadas, ele passa a vez.
8. Se o jogador tirar dois números iguais no dado, ele passa a vez.
9. Será o primeiro ganhador, o jogador que conseguir colocar três fichas seguidas sobre o tabuleiro na posição vertical, horizontal ou diagonal.

ALGUMAS EXPLORAÇÕES POSSÍVEIS

1. O que é preciso tirar nos dados para conseguir marcar a fração 7/14? E a fração 5/10? O que você pode dizer sobre essas duas frações?
2. Há outras frações equivalentes no tabuleiro?
3. Talita jogava com as peças azuis e sua adversária com as peças vermelhas. Na sua vez de jogar, o tabuleiro estava assim:

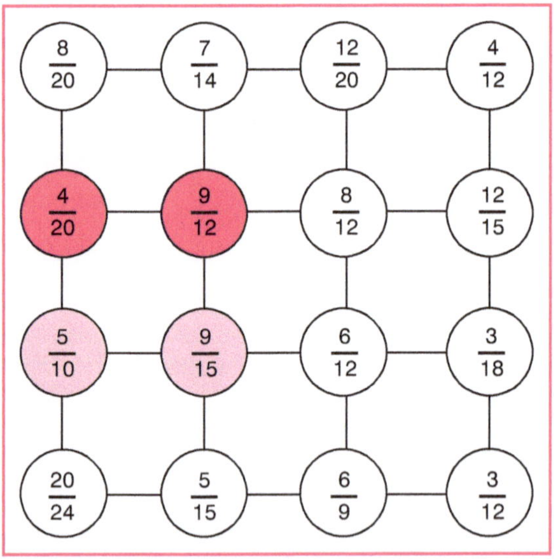

Ela tirou nos dados os números 2 e 3, montou a fração 2/3 e marcou a fração 20/24. Você considera que foi uma boa escolha? Por quê?

4. Quando terminar de jogar, escolha a linha na qual você pintou mais frações e marque essas frações na reta numerada.
5. Após ter jogado algumas vezes *Fração na linha* com seus amigos, sente em trio e elabore um novo tabuleiro. Quando terminar, jogue para ver se funciona e depois troque com outro trio. No final de semana, aproveite para levar seu novo tabuleiro para jogar em casa.
6. Em uma outra turma, os alunos montaram o tabuleiro a seguir para modificar uma das regras. Você consegue descobrir qual é essa regra?

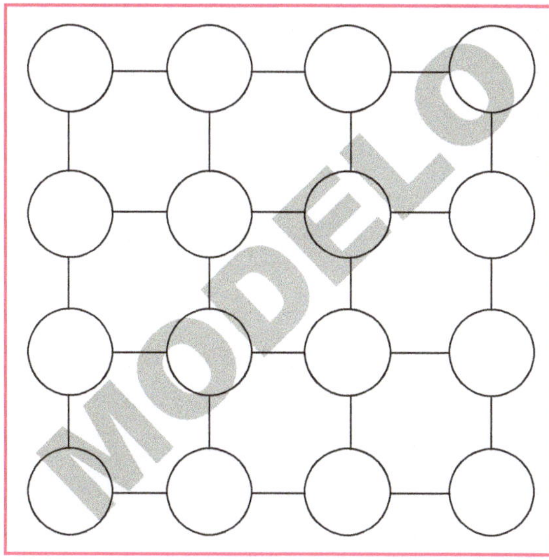

CARTELA PARA O JOGO FRAÇÃO NA LINHA

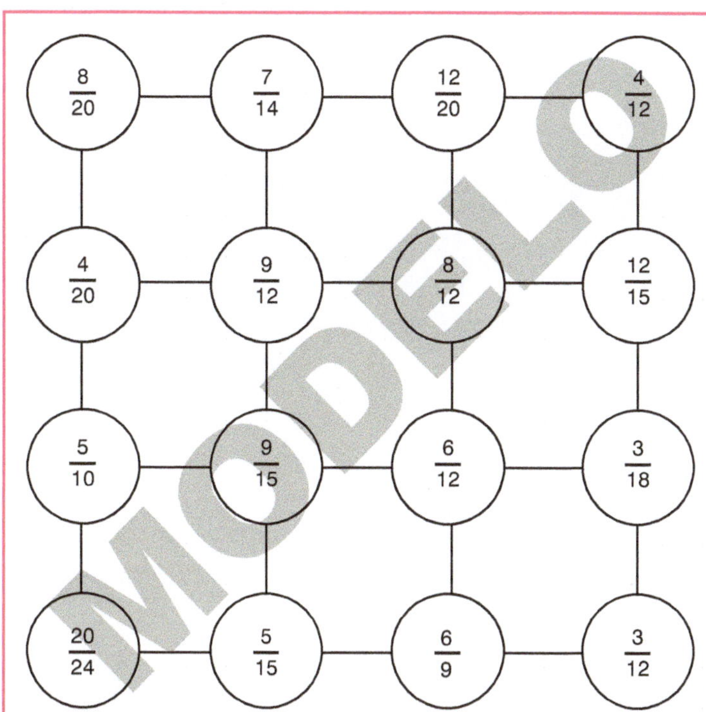

Anos 1º 2º 3º 4º 5º

21 Depressa e Bem

Este jogo auxilia os alunos na melhor compreensão das noções das quatro operações fundamentais e da ordem das operações em expressões, estimulando o cálculo mental e a estimativa.

Organização da classe: grupos de dois a quatro jogadores.

Recursos necessários: nove cartões numerados de 1 a 9, três grupos de dez fichas numeradas de 0 a 9, máquinas de calcular e folha de registros.

Meta: conseguir marcar o maior número de pontos ao final de cinco jogadas.

CONVERSE COM SEUS ALUNOS SOBRE AS REGRAS

1. Colocam-se as fichas em uma sacola.
2. Colocam-se sobre a mesa, embaralhados e espalhados, os nove cartões com as faces numeradas viradas para baixo.
3. Um dos jogadores tira três fichas do saco e forma com elas um número de três algarismos, sendo o primeiro das unidades, o segundo das dezenas e o terceiro das centenas. Pode repetir a tiragem só se saírem três zeros ou um zero como primeiro algarismo.

4. O outro jogador vira, ao acaso, cinco dos nove cartões.
5. A seguir, cada um dos jogadores terá de utilizar os algarismos dos cartões virados para calcular o número sorteado com as fichas. Para isso, deverá:
   - realizar qualquer operação (adição, subtração, multiplicação e divisão);
   - utilizar todos ou apenas alguns algarismos;
   - utilizar cada algarismo uma só vez.

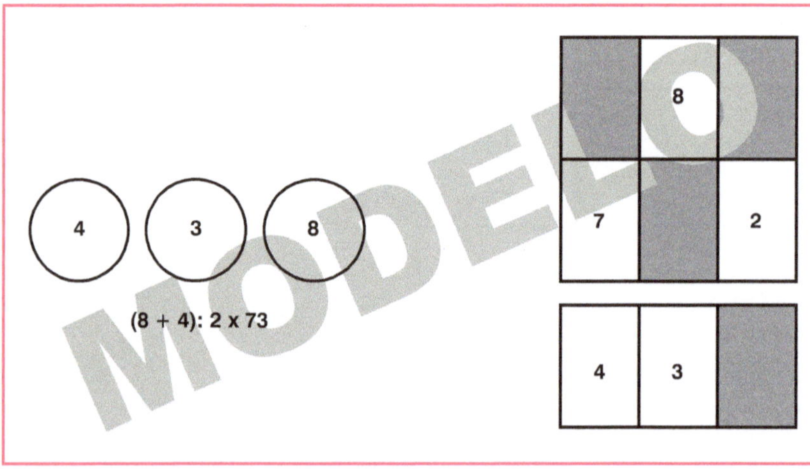

6. Ganha um ponto o jogador que conseguir primeiro obter o número sorteado ou dele mais se aproximar.

PROBLEMATIZAÇÕES

1. Por que repetimos o sorteio dos cartões se o primeiro algarismo for zero?
2. Cláudia sorteou [1][0][2] e Olga virou os seguintes números 8, 5, 2, 1, 4.
   Cláudia fez 2 x 8 x 5 + 4 + 1
   Olga fez 5 x 2 x 4 + (1 + 8)
   a) Alguma delas conseguiu chegar a 102?
   b) Quem ganhou ponto na rodada?

CARTAS PARA O DEPRESSA E BEM

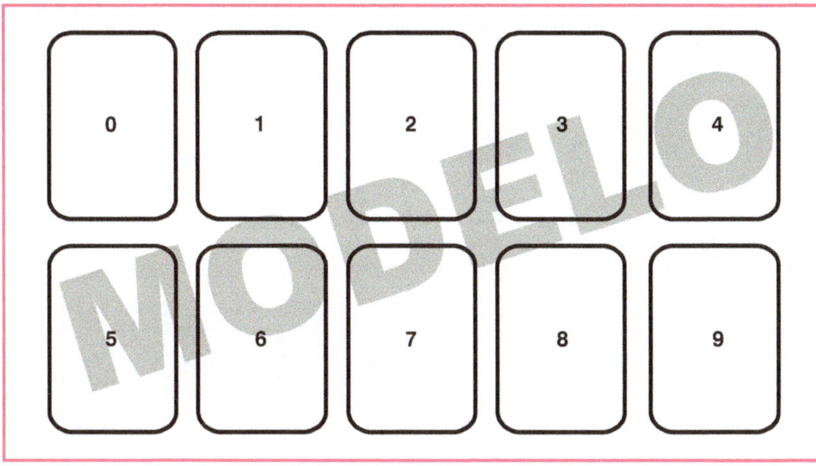

FICHAS PARA O DEPRESSA E BEM

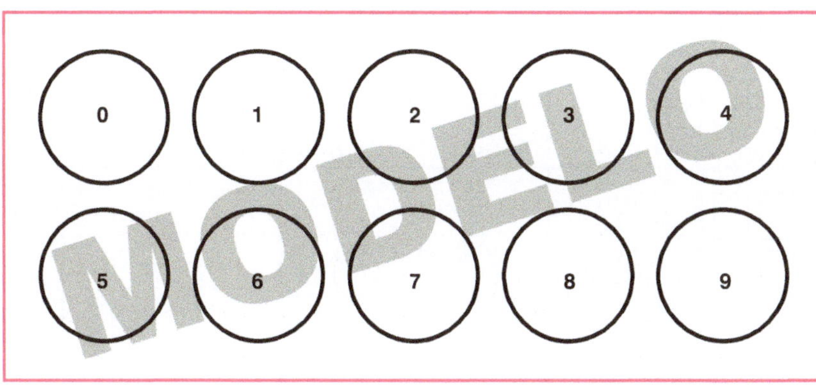

FOLHA DE REGISTROS

Nome: ....

Cartas	Ficas	Cálculos	
□□□ □□□ □□□	○○○		1º Jogo
□□□ □□□ □□□	○○○		2º Jogo
□□□ □□□ □□□	○○○		3º Jogo
□□□ □□□ □□□	○○○		4º Jogo
□□□ □□□ □□□	○○○		5º Jogo

22
Números e Sinais

Anos 1º 2º 3º 4º 5º

Este jogo favorece a compreensão das escritas matemáticas, permite desenvolver a compreensão e o uso de sinais de desigualdade (> ou <).

Organização da classe: duplas.

Recursos necessários: um dado normal, um dado de sinais, um tabuleiro, 20 fichas de duas cores, sendo 10 de cada cor.

Meta: Alinhar 3 fichas da mesma cor na horizontal, vertical ou diagonal.

ORIENTE SEUS ALUNOS QUANTO ÀS REGRAS

1. Os jogadores decidem quem começa o jogo.
2. Na sua vez, o jogador rola os dois dados e cobre no tabuleiro um número que corresponde ao que mostra os dados. Por exemplo, se ele tirou:

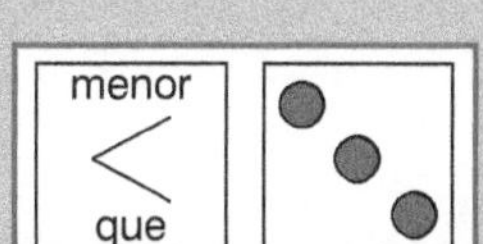

   ele cobre um número que seja menor que 3, com uma ficha da sua cor.
3. Apenas um número pode ser coberto a cada vez.

4. Se não houver casa para colocar a ficha o jogador terá mais uma chance.
5. Se jogador cobrir o número errado, ele perde a vez.
6. O primeiro jogador que alinhar três de suas fichas na horizontal, vertical ou diagonal será o vencedor.

ALGUMAS EXPLORAÇÕES POSSÍVEIS

1. Após jogar *Números e sinais* algumas vezes com os alunos, proponha que produzam um texto sobre ele explicando o que aprenderam com o jogo.
2. Proponha problemas:

   a) Luís e Ellen jogavam *Números e sinais*. Em uma das jogadas Luís marcou 6 em seu tabuleiro. Sabendo que na face de um dos dados saiu 8, o que pode ter saído na outra?

   b) Em uma jogada Antônia tirou em seus dados:

Desenho das faces dos dados mostrando em uma a quantidade 6 e na outra o símbolo >

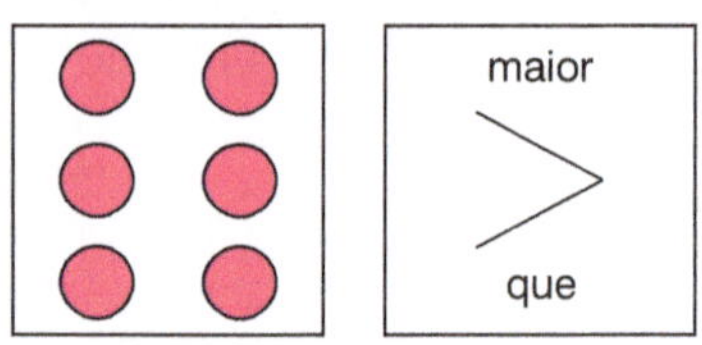

Quais números ela pode marcar no tabuleiro?

3. Invente problemas a partir do jogo e troque com um colega para resolverem os problemas um do outro.

A elaboração de problemas favorece uma maior reflexão sobre o jogo e a matemática nele envolvida.

DADO PARA NÚMEROS E SINAIS

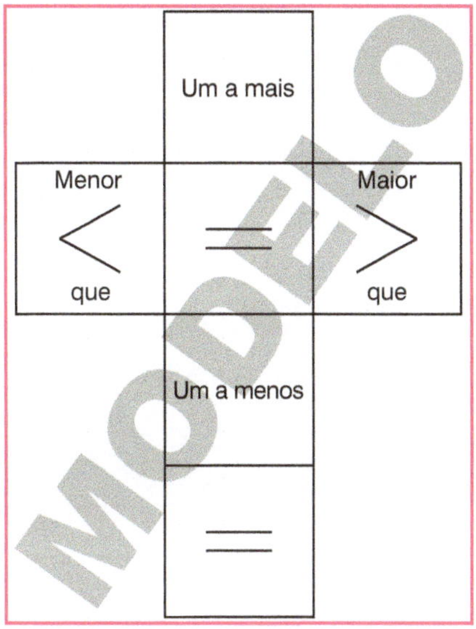

TABULEIRO

Números e Sinais

8	1	0	2
3	7	6	5
4	9	5	4
12	7	10	3

23 Dez Pontos*

Anos: 1º 2º **3º** 4º 5º

Este jogo desenvolve a noção de adição, subtração e a comparação de quantidades. Além disso, permite relacionar as operações entre si, auxilia a fazer estimativa do resultado e a efetuar adições e subtrações mentalmente.

Organização da classe: em duplas.

Recursos necessários: dois dados e uma folha de registros.

Meta: formar o maior número de pontos ao final de 10 lançamentos.

ORIENTE SEUS ALUNOS QUANTO ÀS REGRAS

1. Montam-se as duplas.
2. Um dos participantes é o *jogador* e o outro é o *adversário*.
3. Cada rodada é formada por 10 lançamentos, nos quais só o jogador lança os dados.
4. Cada participante começa com 10 pontos.
5. Cada vez que o *jogador*, ao lançar os dados, obtém a soma 7, o *adversário* transfere três pontos para ele.
6. Cada vez que o *jogador* lança os dados e obtém uma soma diferente de 7, transfere para o *adversário* um ponto.
7. O resultado de cada lançamento deve ser anotado na folha de registros.

*Adaptado de Sá, A.J.C. *A aprendizagem da matemática e o jogo*. Lisboa: APM, 1995.

8. Em cada rodada, pode-se trocar jogador e adversário, não esquecendo que apenas o jogador lança os dados.
9. O participante com maior número de pontos ao fim de uma rodada é o vencedor. Se um dos participantes ficar sem pontos antes dos 10 lançamentos, o outro é o vencedor daquela rodada.

ALGUMAS EXPLORAÇÕES POSSÍVEIS

1. Após os alunos terem jogado, você pode propor que eles observem o registro feito por uma criança e, a partir dele, fazer questionamentos. Por exemplo, com base na análise do desenho de Fernanda, pergunte:

- Com quem ela estava jogando?
- Quantos pontos a menina que estava jogando com ela tirou nos dados?
- Sabendo que Fernanda é a adversária e que nessa jogada ela estava com 5 pontos e a outra jogadora com 6, como ficou a pontuação de cada uma?

2. Abaixo há uma tabela de registro dos pontos, feita por uma outra aluna. Aproveite para mostrar aos seus alunos e propor algum encaminhamento. Por exemplo, a partir da tabela de marcação dos pontos de Alessandra e dos pontos que saíram nos dados, pergunte:

   Como ela terá de preencher a coluna da segunda rodada?

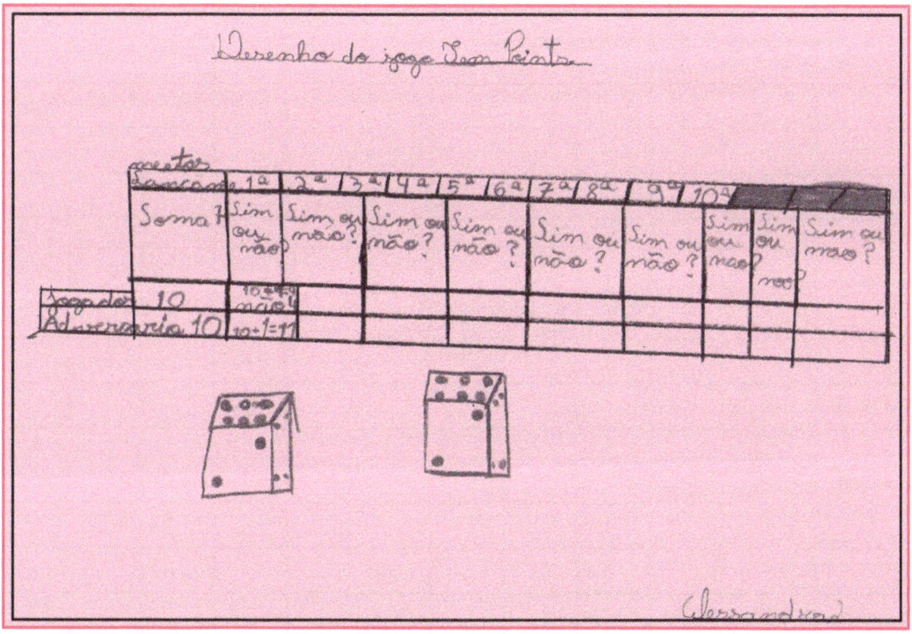

PROBLEMATIZAÇÕES

Esse é um jogo que envolve noções de chance e possibilidade, permitindo uma previsão antecipada sobre quem será o vencedor. Os alunos podem perceber melhor tal fato discutindo alguns problemas a partir do jogo, como:

1. Quais são as somas possíveis diferentes de 7 que se pode obter nos dados?
2. Se ao final da quarta jogada o jogador só tiver tirado a soma 7, o que acontecerá?
3. Se ao final de cinco jogadas o jogador tiver tirado duas somas iguais a 7 e três somas diferentes de 7, quem será o vencedor?
4. Se o jogador tirar apenas uma soma igual a 7, quem será o vencedor?
5. Qual é o máximo de somas iguais a 7 que o jogador pode tirar para que o adversário ganhe o jogo?

FOLHA DE REGISTROS DO JOGO DEZ PONTOS

1ª rodada	Lançamentos	1º	2º	3º	4º	5º	6º	7º	8º	9º	10º
	Soma 7?	Sim ou não?	Sim ou não?	Sim ou não?	Sim ou não?	Sim ou não?	Sim ou não?	Sim ou não?	Sim ou não?	Sim ou não?	Sim ou não?
Jogador	10										
Adversário	10										

1ª rodada	Lançamentos	1º	2º	3º	4º	5º	6º	7º	8º	9º	10º
	Soma 7?	Sim ou não?	Sim ou não?	Sim ou não?	Sim ou não?	Sim ou não?	Sim ou não?	Sim ou não?	Sim ou não?	Sim ou não?	Sim ou não?
Jogador	10										
Adversário	10										

1ª rodada	Lançamentos	1º	2º	3º	4º	5º	6º	7º	8º	9º	10º
	Soma 7?	Sim ou não?	Sim ou não?	Sim ou não?	Sim ou não?	Sim ou não?	Sim ou não?	Sim ou não?	Sim ou não?	Sim ou não?	Sim ou não?
Jogador	10										
Adversário	10										

1ª rodada	Lançamentos	1º	2º	3º	4º	5º	6º	7º	8º	9º	10º
	Soma 7?	Sim ou não?	Sim ou não?	Sim ou não?	Sim ou não?	Sim ou não?	Sim ou não?	Sim ou não?	Sim ou não?	Sim ou não?	Sim ou não?
Jogador	10										
Adversário	10										

24 Hex*

Anos: 1º 2º 3º 4º 5º

Este jogo auxilia no reconhecimento visual; na nomeação de formas geométricas como hexágono, trapézio, triângulo, quadrado, losango e paralelogramo; na composição e decomposição de figuras; na discriminação e memória visual; na identificação e contagem de vértices e lados em quadrado, hexágono, trapézio, triângulo, quadrado, losango e paralelogramo; nas ações de identificar e registrar semelhanças e diferenças entre as figuras geométricas do jogo.

Uma das vantagens da utilização desse jogo com os alunos é que ele permite o desenvolvimento de noções de espaço e de habilidades que são importantes para o modo de pensar geométrico, em particular habilidades visuais, verbais, de desenho e lógicas.

As habilidades visuais estão relacionadas à capacidade de ler desenhos e esquemas, à discriminação de formas e à visualização de propriedades nelas contidas. As habilidades verbais envolvem a capacidade de expressar percepções, elaborar e discutir argumentos, justificativas ou definições, descrever objetos geométricos e usar o vocabulário geométrico. As habilidades de desenho contemplam a capacidade de expressar ideias por meio de desenhos e diagramas, fazer construções com régua, entre outras. As habilidades lógicas, por sua vez, relacionam-se à capacidade de analisar argumentos e definições, reconhecer argumentos válidos e não válidos, dar contraexemplos e compreender, elaborar demonstrações.

Organização da classe: em duplas.

Recursos necessários: tabuleiro e peças geométricas coloridas (36 ao todo).

Meta: ser o último a conseguir colocar uma das peças disponíveis no tabuleiro. Isto não significa que o tabuleiro será completamente recoberto pelas peças.

---

*Adaptado de Regato et al. *Mathematics pentathlon*. Indianapolis: Pentathlon Institute, 1991.

ORIENTE SEUS ALUNOS QUANTO ÀS REGRAS

1. Todas as peças são espalhadas ao lado do tabuleiro, de modo a estarem facilmente acessíveis a ambos os jogadores. Decide-se quem começará.
2. Na sua vez, o jogador escolhe uma, duas ou três peças de cores diferentes para serem colocadas no tabuleiro. Uma vez que o jogador coloca uma peça no tabuleiro, nenhuma outra peça poderá ser escolhida.
3. As peças devem ser colocadas no tabuleiro sem cobrir as linhas que delimitam as formas geométricas. A colocação poderá ser feita de modo a preencher totalmente uma forma geométrica, ou a deixar um espaço vazio que poderá ser preenchido por alguma outra peça do jogo.
4. Uma vez que uma peça tenha sido colocada no tabuleiro, esta não poderá mais ser removida para outra posição.
5. Um jogador será declarado vencedor se o seu oponente não conseguir colocar no tabuleiro todas as peças escolhidas por ele ou, ainda, será vencedor aquele que conseguir colocar a última peça ou peças nos espaços disponíveis no tabuleiro.

ALGUMAS EXPLORAÇÕES POSSÍVEIS

Ao terminar de jogar, você pode propor aos seus alunos que façam um desenho sobre o jogo.

O desenho é um recurso adequado para auxiliarmos o aluno a registrar o que fez, o que foi significativo e a tomar consciência de suas percepções e aprendizagens. O desenho de uma experiência é uma atividade para documentar vivências e tudo o que nela for significativo, dando ao professor a percepção de que aspecto do jogo cada aluno percebeu com mais ênfase.

À medida que oferecemos aos alunos a oportunidade de representar pictoricamente suas vivências e compartilhar os registros entre seus pares, eles começam a caminhar para traços mais precisos e mais sofisticados.

Em uma turma, a professora propôs que ao final seus alunos registrassem o jogo. Observe que, para algumas crianças, esse jogo foi realmente um grande desafio, o que pode ser notado pelos pontos de interrogação que aparecem na cabeça das crianças desenhadas. Nesse caso, o maior desafio foi a busca pela resolução de um problema, ou seja, escolher as melhores peças para colocar no tabuleiro.

Nome: Victor
data: 12/09/03
jogo "HEX"

Nome:
data: / /
Eu vou ganhar

Pode-se propor outras explorações com a intenção de ajudar os alunos a escolher melhor as peças para suas jogadas e para compreender como compor ou decompor as peças:

a) De quantas formas você pode recobrir o trapézio?
b) De quantas formas você pode recobrir o losango?
c) De quantas formas você pode recobrir o hexágono?
d) Em uma rodada, o tabuleiro de um grupo de crianças estava assim:

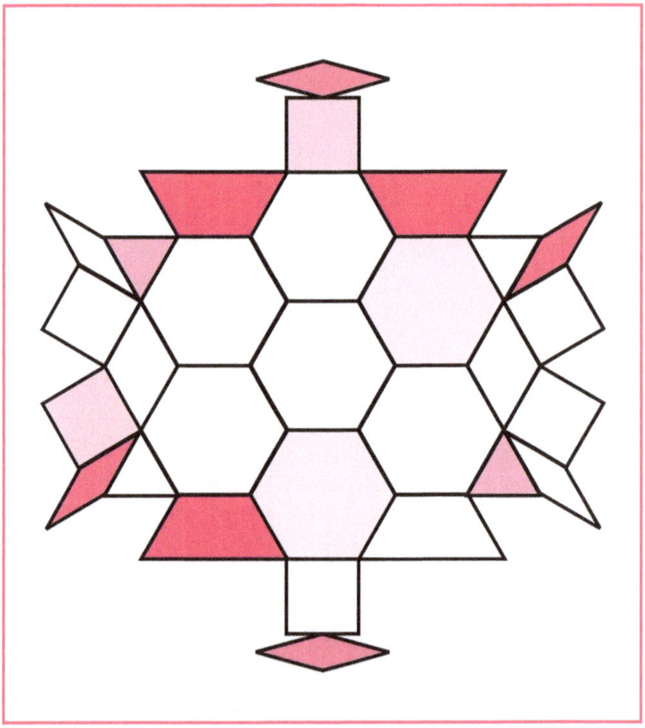

Antônia tinha as seguintes peças:

Quais peças ela pode escolher para recobrir o tabuleiro?

PEÇAS E TABULEIRO PARA O HEX

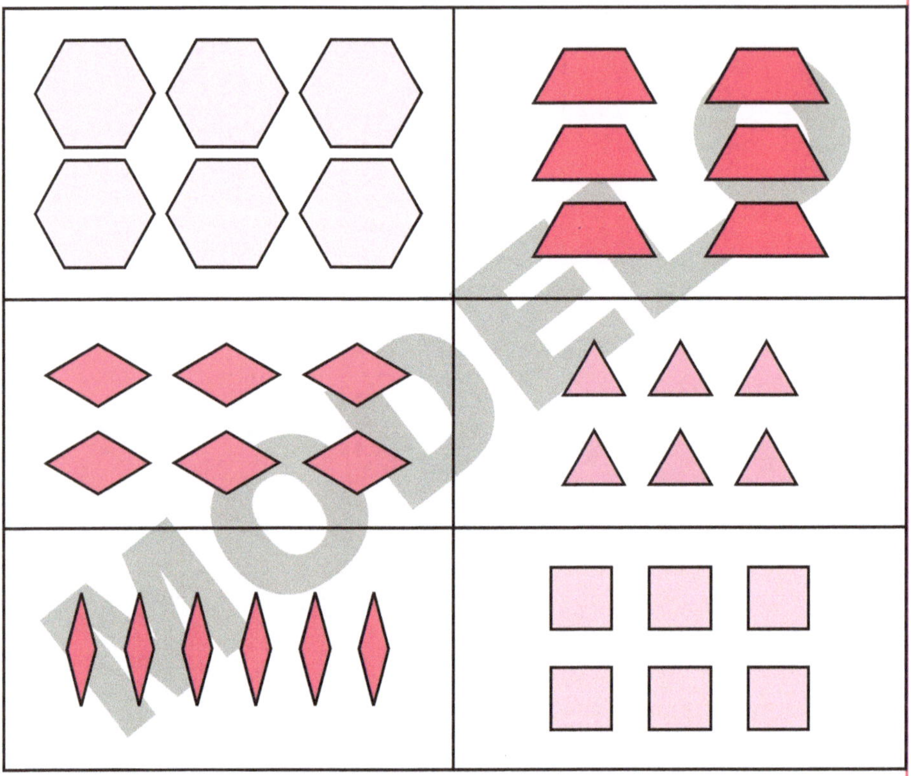

Tabuleiro do jogo

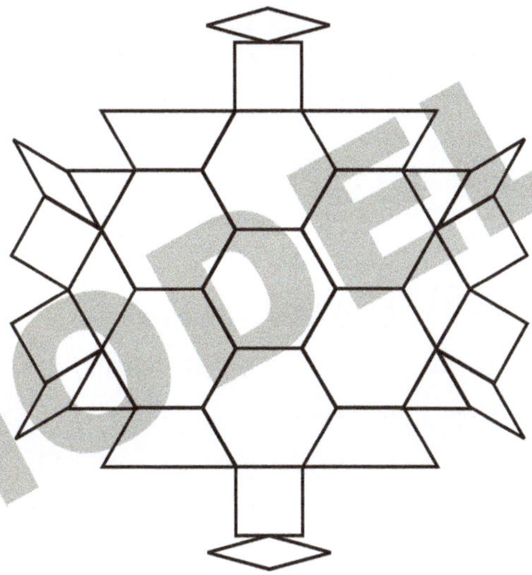

25 Bingo de Formas

Anos: 1º 2º 3º 4º 5º

Este jogo auxilia a identificar, nomear e contar vértices e lados em quadrados, retângulo, paralelogramo, triângulo e trapézio; a identificar e registrar semelhanças e diferenças entre as figuras geométricas; a desenvolver um vocabulário relativo à geometria.

Organização da classe: em duplas.

Recursos necessários: um tabuleiro, cinco marcadores para cada jogador e dois dados.

Meta: conseguir preencher na sua cartela de bingo uma linha na posição horizontal, vertical ou diagonal.

ORIENTE SEUS ALUNOS QUANTO ÀS REGRAS

1. As duplas decidem quem começará, e os jogadores jogam alternadamente.
2. O primeiro jogador lança os dois dados e cobre uma figura do seu tabuleiro que combine com as informações das duas faces dos dados lançados.
3. Se o jogador cobrir a figura errada, ou se não tiver figura para cobrir, ele passa a vez.
4. Ganha o jogo aquele que conseguir colocar três fichas consecutivas na linha, ou aquele que tiver colocado o maior número de fichas consecutivas em uma linha.

ALGUMAS EXPLORAÇÕES POSSÍVEIS:

- Quando estavam jogando *Bingo de formas*, Joaquim tirou quadrilátero em um dado e pelo menos um ângulo reto em outro dado e cobriu o quadrado. Na sua vez de jogar, Antônia também tirou as mesmas faces dos dados, mas marcou o retângulo. Por que isso aconteceu? Eles podiam ter marcado outra figura?
- Bruna marcou o triângulo . O que pode ter saído nos dados?
- Em um dos dados, saiu pelo menos um ângulo reto, e Júlio marcou a figura . O que pode ter saído no outro dado?

CARTELA E DADOS PARA O JOGO BINGO DE FORMAS

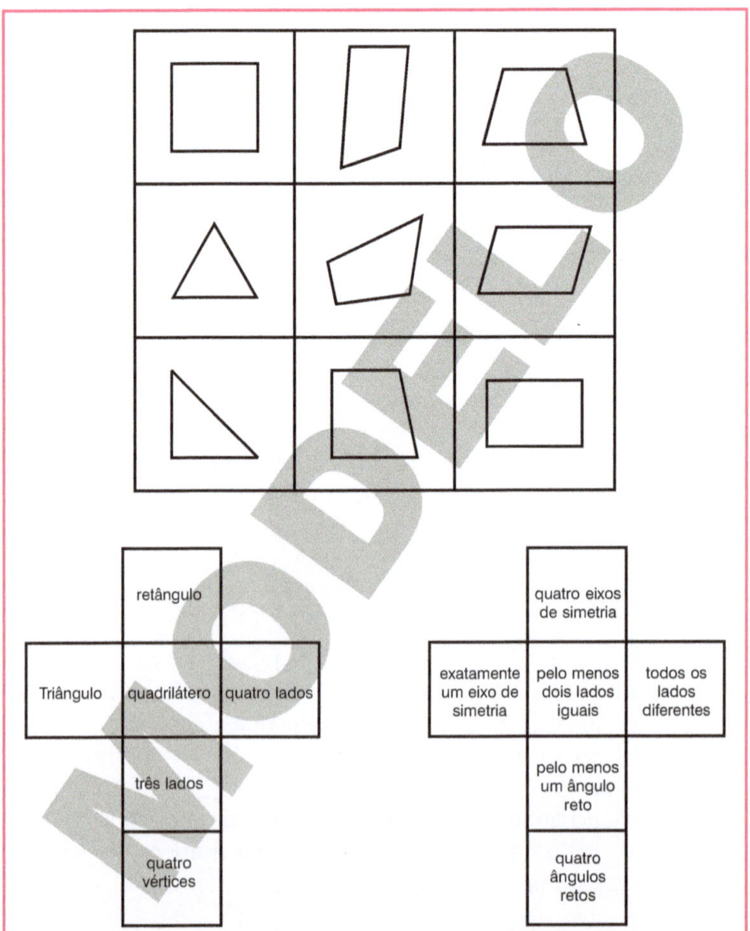

26 Simétrico

Anos: 1º 2º 3º 4º 5º

Este jogo auxilia o aluno na busca de estratégias para resolver um problema, na aplicação da simetria de reflexão, nas ações de construir e completar figuras que tenham eixo de simetria.

Em matemática, dizemos que uma figura possui simetria quando, aplicado a ela um movimento de reflexão, translação ou rotação, ela não se deforma, isto é, mantém seu tamanho e sua forma.

Neste jogo, trabalhamos apenas com a simetria de reflexão ou axial. Veja alguns exemplos de figuras com simetria:

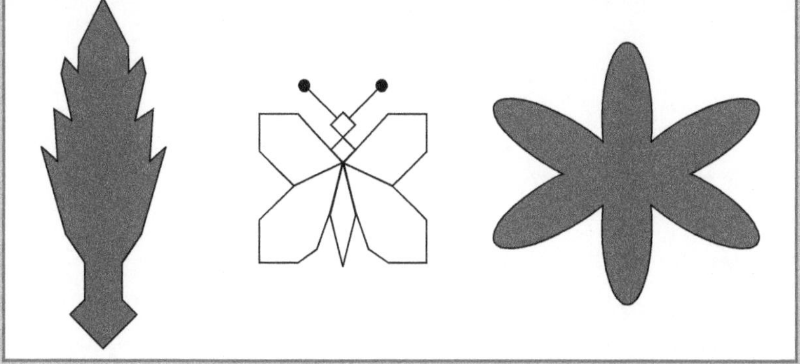

Simetria em relação a uma reta: duas figuras são simétricas em relação a uma reta *r* se elas podem ser superpostas exatamente e com uma única dobra ao longo dessa reta.

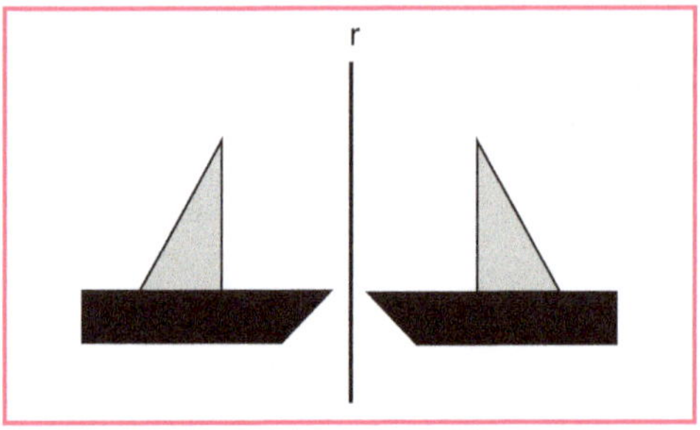

Eixo de simetria de uma figura: é uma reta que divide uma figura em duas partes iguais, que podem ser superpostas com exatidão, através de uma dobra ao longo dessa reta.

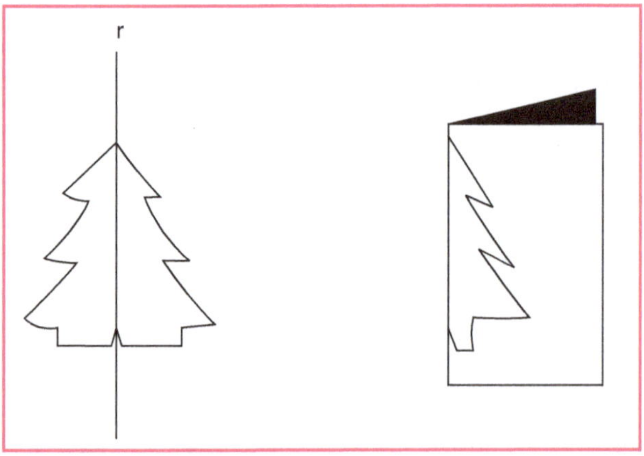

Nos dois casos, temos uma simetria de reflexão ou axial, isto é, simetria com relação a um eixo que nos desenhos está representado pela reta *r*.

Organização da classe: em duplas.

Recursos necessários: dois papéis quadriculados (10 x 12), divididos cada um em duas zonas de 6 x 10. No meio do quadriculado maior, há uma linha em destaque, no qual se encontra o ponto de partida. Um lápis para cada jogador.

Meta: conseguir bloquear o adversário e adquirir o maior número de pontos ao final de duas rodadas.

ORIENTE SEUS ALUNOS QUANTO ÀS REGRAS

1. Antes de iniciar o jogo, cada jogador escolhe um dos lados do quadriculado e decide quem será o primeiro.
2. Depois, cada um, em seu campo escolhido, inutiliza cinco quadradinhos (um por vez, seguindo a ordem: o primeiro um quadradinho, o segundo um quadradinho, o primeiro mais um quadradinho e assim sucessivamente), obedecendo às seguintes ordens:

   - nenhum quadradinho marcado pode ser simétrico ao marcado pelo adversário;
   - nenhum quadradinho marcado pode tocar a linha de separação dos dois campos.

   Um exemplo de marcação inicial seria

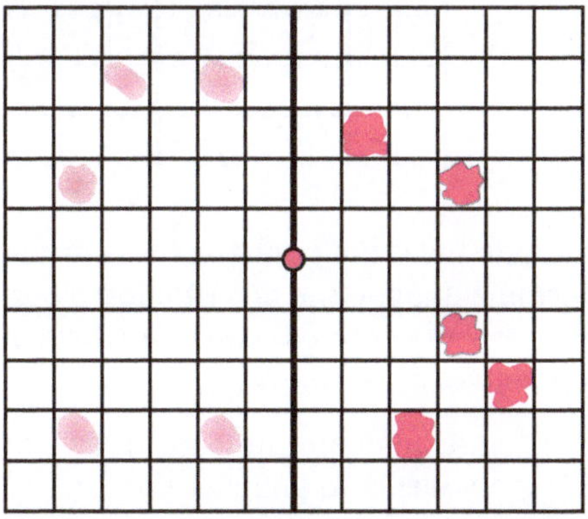

3. Uma vez marcadas as dez quadrículas, o jogo desenvolve-se com os jogadores traçando diagonais nas quadrículas, seguindo algumas regras.
4. O primeiro jogador inicia o jogo fazendo o primeiro traço no seu campo a partir do ponto central, mas sem encostar na linha central, como, por exemplo:

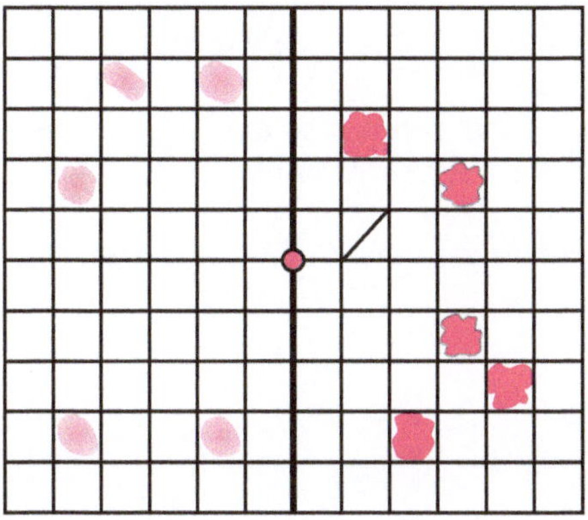

5. A partir desse momento, cada jogador, na sua vez, marca dois traços consecutivos. O primeiro traço deve ser simétrico em relação ao último traçado pelo adversário, e o segundo é uma prolongação do primeiro, mas em qualquer direção.

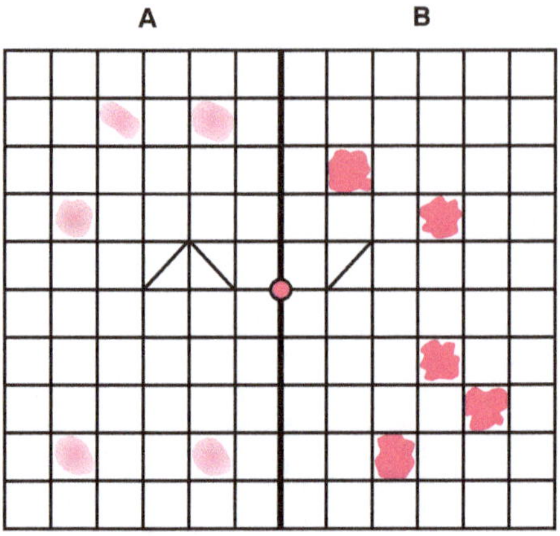

6. Só é permitido tocar um ponto da linha formada pela sucessão de traços.
7. O jogo termina quando um dos jogadores estiver bloqueado, ou seja, não puder mais fazer dois traços consecutivos seguindo as regras. Cada jogador conta, então, seus pontos:

   - se um jogador marcou um traço que encostou em uma das casinhas pintadas, o adversário ganha 1 ponto;
   - se um jogador marcou um traço sobre a diagonal de uma das casinhas pintadas, o adversário ganha 2 pontos;
   - se um jogador é bloqueado antes de marcar 30 pontos, seu adversário ganha 5 pontos.

ALGUMAS EXPLORAÇÕES POSSÍVEIS

Você pode elaborar problemas que sejam resolvidos com apoio no próprio tabuleiro do jogo. Veja alguns exemplos:

- O quadriculado de uma dupla estava com a seguinte marcação:

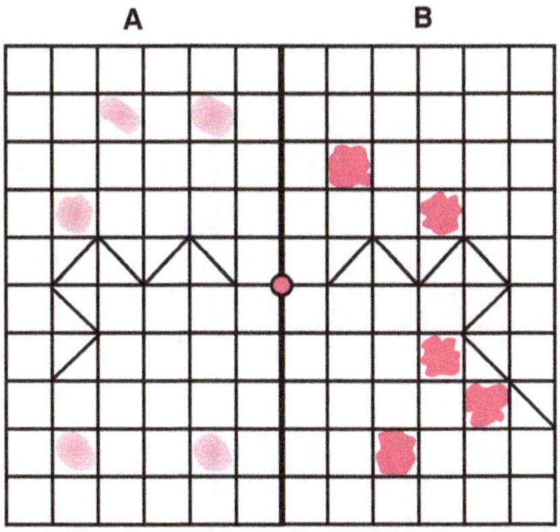

Quem fará a próxima jogada é a criança A. Onde você acha que é o melhor lugar para ela fazer os dois traços? Quem tem mais chance de ser bloqueado?

- O tabuleiro abaixo tem uma linha traçada de forma errada. Localize e faça corretamente.

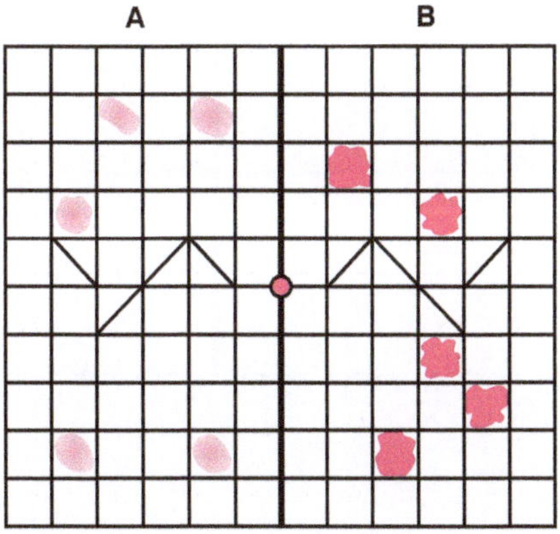

- Analisando o quadriculado abaixo, diga quem fez mais pontos: A ou B?

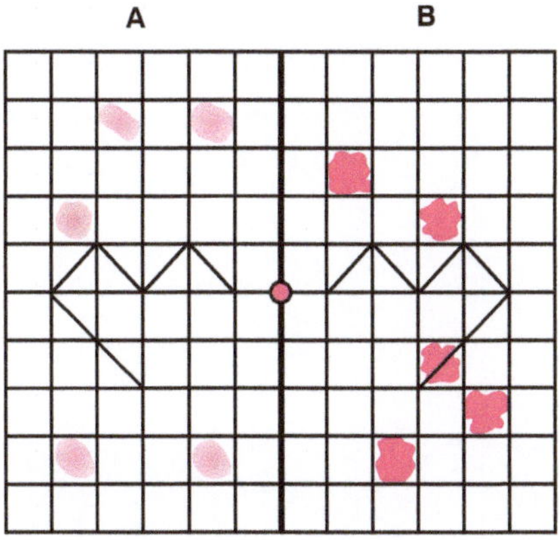

MALHA PARA O JOGO SIMÉTRICO

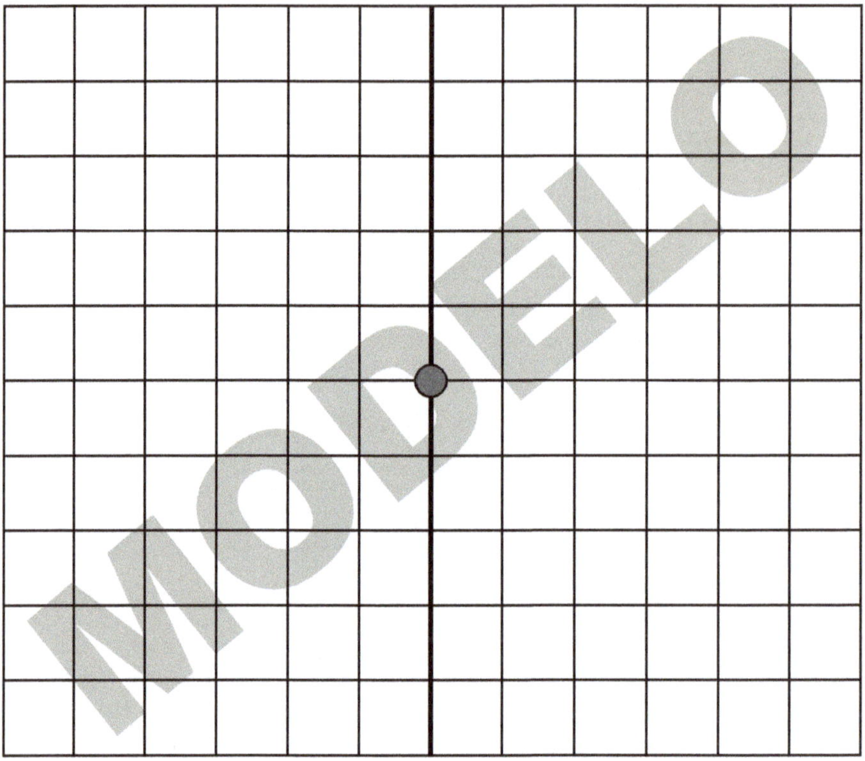

Anos 1º 2º 3º 4º 5º

27 Cartas de Propriedades

Este jogo auxilia o aluno a identificar figuras planas e suas propriedades, a registrar semelhanças e diferenças entre elas, a desenvolver um vocabulário relativo à geometria, a identificar e contar vértices/lados em algumas figuras planas.

Organização da classe: grupos de quatro jogadores.

Recursos necessários: um jogo de 15 cartas com uma figura plana em cada uma; um jogo de cartas com uma propriedade geométrica em cada uma.

Meta: conseguir marcar o maior número de pontos ao final do jogo.

ORIENTE SEUS ALUNOS QUANTO AS REGRAS

1. Organizam-se os grupos de quatro pessoas para decidir quem será o carteador.
2. O carteador coloca o monte de cartas com as figuras no centro da mesa com a face virada para baixo e distribui para cada jogador cinco cartas com propriedades.
3. O carteador, então, vira a primeira carta do monte. Quem tiver cartas com propriedades que se apliquem àquela figura vira as suas cartas e ganha um ponto para cada propriedade que acertar. Mais de um jogador pode fazer ponto em uma rodada.
4. O carteador recolhe todas as cartas com as propriedades, embaralha e entrega novamente cinco cartas para cada componente. Ele vira a próxima carta com figura do monte.
5. O jogo continua até que todas as cartas com figuras tenham sido viradas.
6. Ganha quem conseguir marcar mais pontos.

ALGUMAS EXPLORAÇÕES POSSÍVEIS

Ao final de cada vez que os alunos jogarem, você pode escolher uma questão e propor para o grupo:

- Quais são todas as propriedades geométricas do quadrado que estão nas cartas?
- Quais são as figuras planas que aparecem nesse jogo?
- Faça de conta que um amigo seu faltou em uma das aulas em que esse jogo foi realizado e você precisa ajudá-lo a relembrar por telefone as características do pentágono. Consulte as tiras de propriedades e escreva o que você poderia dizer por telefone ao seu amigo.
- Quais são as propriedades comuns ao quadrado e ao retângulo? E ao paralelogramo e ao trapézio?
- Encontre uma propriedade que sirva para três figuras diferentes.
- Formule uma adivinha e troque com um colega.

O trabalho com a formulação de um problema, uma advinha, permite que o aluno analise os dados e perceba a relação entre dados, pergunta e busca de solução.

CARTAS DE PROPRIEDADES

3 lados	4 lados	5 lados	6 lados	3 ângulos	4 ângulos	5 ângulos	6 ângulos	1 par de lados iguais	
2 pares de lados iguais	3 lados iguais	4 lados iguais	5 lados iguais	6 lados iguais	todos os lados iguais	2 lados diferentes	3 lados diferentes	4 lados diferentes	
5 lados diferentes	6 lados diferentes	todos os lados diferentes	1 par de ângulos iguais	3 ângulos iguais	4 ângulos iguais	5 ângulos iguais	6 ângulos iguais	todos os ângulos iguais	
quadrilátero	hexágono	2 ângulos diferentes	3 ângulos diferentes	4 ângulos diferentes	5 ângulos diferentes	6 ângulos diferentes	todos os ângulos diferentes	pentágono	retângulo

MODELO

Referências

ABRANTES, P.; LEAL, L.C.; PONTE, J.P. da (org.). *Investigar para aprender matemática*. Lisboa: Associação de Professores de Matemática, 1996.

BORIN, J. *Jogos e resolução de problemas: uma estratégia para as aulas de matemática*. São Paulo: CAEM/IME-USP, 1998.

BRENELLI, R.P. *O jogo como espaço para pensar - a construção de noções lógicas e aritméticas* . Campinas: Papirus, 1995.

BROURGÈRE, G. *Jogo e educação*. Porto Alegre: Artmed, 1995.

CARILLO, E.; HERNÁN, F. *Recursos em el aula de Matemáticas*. Madri: Editorial Sintesis, 1991.

CHACÓN, I.M.G. *Matemática emocional: os afetos na aprendizagem matemática*. Porto Alegre: Artmed, 2003.

CUOCO, A.A.; CURCIO, F.R. *The roles of representations in school Mathematics*. Reston, NCTM, 2001, Yearbook.

KAMII, C.; DEVRIES, R. *Jogos em grupo na educação infantil*. São Paulo: Trajetória Cultural, 1991.

KAMII, C.; JOSEPH, L.L. *Aritmética: novas perspectivas*. Campinas: Papirus, 1992.

KISHIMOTO, T.M. (org.). *Jogo, brinquedo, brincadeira e educação*. São Paulo: Cortez, 2000.

KRULIC, S. Problems, problem solving and strategy games. In: *Activies or junior high school and middle school mathematics*. Reston: NCTM, 1991. p.190-193.

KRULIC, S.; RUDINICK, J.A. Strategy gaming and problem solving - an instructional pais whose time has come! *Arithmetic Teacher*, n.31, p.26-29, abr. 1983.

MACEDO, L.; PETTY, A.L.S.; PASSOS, N.C. *Quatro cores, senha e dominó*. São Paulo: Casa do Psicólogo, 1997.

___. *Aprender com jogos e situações-problema*. Porto Alegre: Artmed, 2000.

MILLER, D. *How to develop problem solving using a calculator*. New York: Cruisenare, 1979.

MURCIA, J.A.M. et al. *Aprendizagem através do jogo*. Porto Alegre: Artmed, 2005.

PIMM, D. *El lenguaje matemático en el aula*. Madrid: Morata, 1990.

REGATO et al. *Mathematics pentathlon*. Indianapolis: Pentathlon Institute, 1991.

SÁ, A.J.C. de. *A aprendizagem da matemática e o jogo*. Lisboa: Associação de Professores de Matemática, 1995.

SMOLE, K.S.; DINIZ, M.I. *Ensinar e aprender*. São Paulo: CENPEC/SEESP, 1999. v.2, Matemática.

SMOLE, K.S.; Diniz, M.I. (org.) *Ler, escrever e resolver problemas: habilidades básicas para aprender matemática*. Porto Alegre: Artmed, 2000.

SMITH, S.E.Jr.; BACKAMN, C.A (org.). Games and puzzles for elementary and middle school mathematics - Readings from the arithmetic teacher. Reston: NCTM (National Concil of Teacher of Mathematics), 1997.

STIENECKER, D.L. *Divisão: problemas, jogos e enigmas*. São Paulo: Moderna, 1998.